BIBLIOTHÈQUE

CHRÉTIENNE ET MORALE

APPROUVÉE

PAR MONSEIGNEUR L'ÉVÊQUE DE LIMOGES.

1re SÉRIE.

Barbou frères

VOYAGE DE LEVAILLANT.

Nous passâmes les nuits à faire le coup de fusil pour écarter les lions.

VOYAGE
DE LEVAILLANT

DANS

L'INTÉRIEUR DE L'AFRIQUE

PAR IGONETTE.

LIMOGES.

BARBOU FRÈRES, IMPRIMEURS-LIBRAIRES.

—

1867

INTRODUCTION.

Il n'y a pas un siècle que le goût des voyages s'est répandu en Europe. Heureux dans sa patrie plus qu'aucun autre peuple, attaché à sa terre natale, le Français se déplaçait avec peine, regardant une absence d'un mois comme une espèce de dévouement ; il se contentait d'attendre, et recevait avidement les contes ridicules de quelques charlatans téméraires sur les pays lointains ; il s'amusait des récits de leurs découvertes merveilleuses et de leurs aventures incroyables. L'exagérateur écrivain marchandait, si je puis parler ainsi, avec la crédulité publique, et se trouvait trop payé de ne voir rabattre que la moitié de l'enflure et du merveilleux de son livre; les sciences croupissaient dans les ténèbres de l'incertitude, et l'histoire naturelle n'était pas même à son enfance.

Peu à peu le génie des découvertes a déployé ses ailes; les arts et les lettres ont cédé la place aux sciences; la passion des voyages s'est éveillée; ce désir, toujours plus insatiable, de connaître et de comparer s'est agrandi en proportion des miracles qu'il a produits; on n'a plus connu de bornes à mesure que les dangers se sont aplanis; et ce qui paraissait autrefois un obstacle insurmontable n'est aujourd'hui qu'une excuse puérile, un moyen honteux de cacher sa faiblesse et son inertie.

Plus qu'aucun autre, élevé dans des principes tout-à-fait contraires, j'ai nourri dans mon cœur le goût le plus ardent pour les voyages, et, quoi que j'aie fait depuis pour l'étouffer, ce n'est qu'en cédant à mes transports que je suis parvenu à en modérer la violence.

J'ai traversé les mers; j'ai voulu voir d'autres hommes, d'autres productions, d'autres climats, je me suis enfoncé dans quelques déserts ignorés de l'Afrique: j'ai conquis une petite portion de la terre.

Je ne songeais point à la réputation; je ne connaissais point en moi de titres pour y parvenir : je voyageais pour mon propre plaisir et pour ma satisfaction personnelle.

Mes amis et ma famille ont voulu me persuader que la relation de mes voyages et le détail de mes découvertes en histoire naturelle pourraient être de quelque utilité; je leur livre cette relation, renonçant à toute espèce de prétention littéraire, dont je ne serais pas en état de porter le fardeau. Ce que je suis, ce que j'ai vu, ce que j'ai fait, ce que j'ai pensé, voilà tout ce que je me suis proposé de leur apprendre.

On trouvera peut-être étrange que, pour donner la relation d'un voyage récemment entrepris en Afrique, j'aie été forcé de me replier sur le passé, et de conduire mes lecteurs dans l'Amérique méridionale, sur les premiers pas de mon enfance : j'ai cru qu'il ne serait pas mal à propos de justifier, pas les commencements de ma vie, ma manière de voir, de penser et d'agir, qui conservera toujours le goût du terroir, et qui, jugée peut-être avec séverité, ne manquerait pas de choquer ces esprits intolérants qui ne souffrent jamais qu'on leur enlève leurs préjugés, et qu'on ose heurter de front les principes et les usages jusque-là généralement adoptés. Mais de quelque œil qu'on envisage cette hardiesse à rendre mes pensées, à prétendre redresser jusqu'aux erreurs mêmes du génie, il m'importe qu'on sache qu'aucune haine particulière, aucune envie, aucun déplaisir secret, ne sauraient balancer dans mon âme l'intérêt de la vérité, et que je lui ai sacrifié celui même de l'amour-propre.

PRECIS HISTORIQUE.

La partie hollandaise de la Guyane soumise à la domination de la compagnie d'Occident est sans contredit, de l'Amérique méridionale, celle qui offre, dans tous les genres, les productions les plus curieuses et les plus extraordinaires. Placée sous le climat brûlant de la zone torride, elle a, sur une étendue d'environ cent lieues de côtes, une profondeur presque illimitée : c'est là que le fleuve Surinam promène ses eaux majestueuses. Sur sa rive, à trois lieues de la mer, s'élève Paramaribo, chef-lieu de cette vaste colonie : c'est ma patrie et le berceau de mon enfance. Élevé par des parents instruits, qui travaillaient à se procurer par eux-mêmes les objets intéressants et précieux qui sont répandus dans ce pays, j'avais sans cesse sous les yeux les produits de leurs acquisitions ; souvent exposés par leurs goûts à des voyages lointains, ils m'emmenaient avec eux, et me faisaient partager leurs courses et leurs fatigues. Ainsi j'exerçai mes premiers pas dans les déserts, et je naquis presque sauvage.

Quelques amis m'ont accusé de froideur et d'insensibilité, un plus grand nombre a trouvé téméraires les voyages que j'ai entrepris. Je pardonne volontiers aux uns, et n'ai rien à dire aux autres ; cependant, si l'on pouvait s'arrêter aux premiers pas de mon enfance, cette apparence d'originalité surprendrait moins, et l'on verrait que mon éducation en est à la fois et la cause et l'excuse.

Les années que je passai en Amérique furent consacrées à l'étude de l'histoire naturelle. Cette étude avait excité en moi le goût des découvertes, et je ne voyais plus que le temps où mon âge et mes connaissances viendraient me mettre en état de parcourir le monde, et d'aller lui arracher ses secrets. Enfin cette époque arriva : mes parents, qui n'aspiraient plus qu'au bonheur de se réunir dans le sein de leur famille, fixèrent leur départ pour l'Europe. Je montai avec eux sur la Catharina ; le 4 avril 1763, on leva l'ancre, et l'on prit la route de la Hollande.

Après une traversée cruelle et dangereuse, nous jetâmes l'ancre au Texel, à neuf ou dix heures du matin, le 12 juillet suivant ; nous passâmes quelque temps en Hollande, et nous nous rendîmes ensuite en France, dans la ville où mon père est né, et l'on me fixa dans le sein de sa famille : c'est là que je donnai une nouvelle carrière à mes goûts dans le cabinet de M. Becaur. Il offrait, pour l'ornithologie d'Europe, la collection la plus nombreuse et la mieux conservée que j'aie jamais rencontrée.

Chez ce savant, j'amassai de plus en plus des connaissances dans cette partie de l'histoire naturelle ; mais j'avoue que, loin de me satisfaire, elles ne faisaient que me prouver toute l'insuffisance de mes forces. Une carrière plus étendue devait s'ouvrir devant moi ; l'occasion semblait m'appeler de loin et m'inviter à ne pas différer plus long-temps. Je songeais continuellement aux parties du globe qui, n'ayant point encore été fouillées, pouvaient, en donnant de nouvelles connaissances, rectifier les anciennes ; je regardais comme souverainement heureux le mortel qui aurait le courage de les aller chercher à leur source ; l'intérieur de l'Afrique, pour cela seul, me paraissait un Pérou : c'était la terre encore vierge. L'esprit plein de ces idées, je me persuadais que l'ardeur du zèle pouvait suppléer au génie, et que, pour peu qu'on fût un observateur scrupuleux, on serait toujours assez grand écrivain. L'enthousiasme me nommait tout bas l'être privilégié auquel cette entreprise était réservée; je prêtai l'oreille à ses séductions, et, de ce moment, je me dévouai : ni les liens de la famille, ni ceux de l'amitié, ne furent capables de m'ébranler. En vain ma mère et mon épouse essayèrent de me retenir, m'opposant leur tendresse, les angoisses dont elles allaient être assiégées à la pensée des périls que j'allais courir ; je restai ferme dans ma résolution. Voyant enfin que rien n'était capable de me vaincre, au jour fixé pour le départ, mon épouse, en m'embrassant avec amour, passa autour de mon cou un cordon qui soutenait un petit crucifix, et me fit promettre de ne jamais m'en séparer. J'avouerai que ce gage précieux de l'affection conjugale me fut, dans mes voyages, d'une grande consolation ; et il me semble que plus d'une fois par lui je fus préservé de grands dangers ; du reste, dans le péril, je ne manquai jamais de le presser contre ma poitrine, et d'invoquer le Rédempteur du monde.

Enfin je me séparai des objets que j'aimais, et, fermant les yeux sur tous les obstacles, je quittai la France le 17 juillet 1780, me dirigeant vers la Hollande. Là je m'occupai sans relâche, et, lorsque tout fut disposé, je pris congé de mes amis et de l'Europe. Une chaloupe vint me recueillir et me conduisit au Texel, à bord du Helde-Woltemande, vaisseau destiné pour Ceylan, mais qui devait relâcher au cap de Bonne-Espérance. Le vent n'étant point favorable, nous attendîmes pendant huit jours; le neuvième, nous levâmes l'ancre à onze heures du matin; et, après trois mois et dix jours de traversée, nous découvrîmes les montagnes du Cap, qu'éclairait alors le plus beau ciel. Le même jour, à trois heures après midi, nous mouillâmes dans la baie de la Table.

VOYAGE EN AFRIQUE.

I.

La ville du Cap est située sur le penchant de la montagne du Lion; elle forme un amphithéâtre qui s'alonge jusque sur le bord de la mer. L'entrée de la ville par la place du château offre un superbe coup d'œil; c'est là que sont assemblés, en partie, les plus beaux édifices. On y découvre, d'un côté, le jardin de la compagnie dans toute sa longueur; de l'autre, les fontaines, dont les eaux descendent par une crevasse qu'on aperçoit de la ville et de toute la rade. Ces eaux sont excellentes et fournissent avec abondance à la consommation des habitants, ainsi qu'à l'approvisionnement des navires qui sont en relâche.

Les étrangers sont généralement bien accueillis au Cap, et les Anglais y sont adorés de tous les peuples. Les Français y sont moins considérés; la bourgeoisie surtout ne peut les souffrir. Cette haine est portée au point que j'ai souvent entendu dire à des habitants qu'ils aimaient mieux être pris par les Anglais que de devoir leur salut aux armes de la nation française.

Dès que je fus arrivé au Cap j'employai trois mois à assembler les provisions que je m'étais procurées; elles étaient considérables.

J'avais fait construire deux grands chariots à quatre roues, couverts d'une double toile à voiles; cinq grandes caisses remplissaient exactement le fond de l'une de ces voitures, et pouvaient s'ouvrir sans déplacement. Elles étaient surmontées d'un large matelas sur lequel je me proposais de coucher durant la marche, s'il arrivait que le défaut de temps, ou tout autre circonstance, ne me permît pas de camper; ce matelas se roulait en arrière sur la dernière caisse, et c'est là que je plaçais ordinairement un cabinet, ou caisse à tiroirs, destiné à recevoir des insectes, des papillons et tous les objets un peu fragiles, et qui demandaient plus de ménagement.

Mon premier chariot portait presque en entier mon arsenal. Nous l'appelions le *chariot-maître*. Une des cinq caisses dont j'ai parlé était remplie, par compartiments, de grands flacons carrés, qui contenaient chacun cinq à six livres de poudre. Ce n'était là que pour les détails et les besoins du moment. Le magasin général était composé de plusieurs petits barils. Pour les préserver du feu ou de l'humidité, je les avais fait rouler séparément dans des peaux de moutons fraîchement écorchés. Cette enveloppe une fois séchée était absolument impénétrable. Tout calculé, je pouvais compter sur quatre à cinq cents livres de poudre, et deux mille, au moins de plomb et d'étain, tant en saumon que façonné. De seize fusils, j'en avais douze sur une voiture ; l'un de ces fusils, destiné pour la grande bête, comme rhinocéros, éléphant, hippopotame, portait un quart de livre. Je m'étais munis, outre cela, de plusieurs paires de pistolets à deux coups, d'un grand cimeterre et d'un poignard.

Le second chariot offrait, en caricature, le plus plaisant attirail qu'on ait jamais vu ; mais il ne m'en était pas pour cela moins cher : c'était ma cuisine.

Que de repas exquis et paisibles! Que le souvenir de ces détails de ma vie domestique est encore délicieux à mon cœur! Je n'assiste jamais à ces dîners d'étiquette et de gêne où l'ennui vient distribuer les places, que le dégoût qu'ils me causent ne me reporte soudain au milieu de ce doux charivari de nos haltes, et ne présente à mon imagination le tableau si vivant et si varié de mes bons Hottentots occupés à préparer le repas de leur ami.

Je devais fournir du tabac et de l'eau-de-vie aux Hottentots qui faisaient ce voyage avec moi : aussi avais-je forte provision du premier article et trois tonneaux du second. Je voiturais encore une bonne pacotille de verroterie, quincaillerie et autres curiosités, pour faire, suivant l'occasion, des échanges ou des amis. Joignez à tous ces détails de ma caravane une grande tente, une canonière, les instruments nécessaires pour raccommoder mes voitures, pour couler du plomb, un cric, des clous, du fer en barre et en morceaux, des épingles, du fil, des aiguilles, quelques eaux spiritueuses, etc, et vous aurez une idée parfaite de ce ménage ambulant.

Mon train était composé de trente bœufs, savoir : vingt pour les deux voitures, et les dix autres pour relais ; de trois chevaux de chasse, de neuf chiens, et de cinq Hottentots. J'augmentai considérablement, par la suite, le nombre de mes animaux et de mes hommes : celui de ces derniers allait quelquefois jusqu'à quarante.

Le projet de mon voyage était connu de toute la ville du Cap. Aux approches de mon départ, je fus vivement sollicité par plusieurs personnes qui désiraient m'accompagner. C'était à qui viendrait m'offrir ses services. Nous raisonnions bien différemment, ces messieurs et moi. Ils s'imaginaient que leurs propositions allaient me causer beaucoup de joie; ils ne pouvaient croire que je pusse me résoudre à partir seul. Cette idée leur semblait une folie, tandis que je n'y voyais, au contraire, que de la prudence et de la sagesse. J'étais instruit que de toutes les expéditions ordonnées par le gouvernement pour la découverte de l'intérieur de l'Afrique, aucune n'avait réussi; que la diversité des humeurs et des caractères ne pouvait concourir au même but; qu'en un mot, cet accord, si nécessaire dans une expédition hardie et neuve, n'était point praticable parmi les hommes dont l'amour-propre devait se promettre une part égale aux succès. Je n'avais garde, après cela, de m'exposer à perdre les frais de mon voyage et le fruit que je comptais en retirer. Je voulais être seul, et mon maître absolu; ainsi je tins ferme : je rejetai toutes ces offres, et, d'un mot, je coupai court à toute espèce de propositions.

Lorsque mes équipages furent en ordre, je pris congé de mes amis, et, le 18 décembre 1781, à neuf heures du matin, je partis, escortant moi-même à cheval mon convoi. Je n'avais pas compté faire une longue marche. Suivant le plan que je m'étais dressé je dirigeai mes pas vers la Hollande hottentote, et je m'arrêtai, vers le déclin du jour, au pied des hautes montagnes qui la bornent à l'est du Cap.

Ce fut alors qu'entièrement livré à moi-même et n'attendant de secours et d'appui que de Dieu, par qui j'espérais vaincre tous les périls et tous les obstacles, je rentrai, pour ainsi dire, dans l'état primitif de l'homme, et respirai, pour la première fois de ma vie, l'air pur et délicieux de la liberté.

J'achetai plusieurs bœufs, des chèvres, une vache, pour me procurer du lait, et un coq, dont je comptais me faire un réveille-matin. Je ne dois pas négliger de parler ici d'un animal qui m'a rendu des services essentiels, dont la présence utile a suspendu, dissipé même dans mon cœur des souvenirs amers et cruels, dont l'instinct touchant et simple semblait prévenir mes efforts, et consolait mes ennuis : c'est un singe de l'espèce si commune au Cap sous le nom de *bawian*; il était très-familier et s'attacha particulièrement à moi : j'en fis mon dégustateur. Lorsque nous trouvions quelques fruits ou racines inconnus à mes Hottentots, nous n'y touchions jamais que mon cher Kees n'en eût goûté ; s'il les rejetait, nous les jugions ou désagréables ou dangereuses, et les abandonnions.

Je chérissais dans Kees une qualité plus précieuse encore : il était mon meilleur surveillant ; soit de jour, soit de nuit, le moindre signe de danger le réveillait à l'instant. Par ses cris et les gestes de sa frayeur, nous étions toujours avertis de l'approche de l'ennemi, même avant que mes chiens s'en doutassent.

Le 7 janvier, à cinq heures du matin, je quittai la baie Mossel, où nous avions séjourné le 6, pour traverser la rivière nommée Klein-Brak. En quittant cette rivière, nous avions, à gravir une montagne difficile et très-escarpée ; à force de patience, de soins et de tenue, nous arrivâmes à son sommet, et nous fûmes grandement dédommagés de nos fatigues par le spectacle qui vint frapper nos regards.

Nous découvrions dans le lointain la chaîne des montagnes, couverte de grands bois qui bornent la vue du côté de l'ouest; sous nos pas, nous plongions sur une vallée immense, relevée par des collines agréables, qui varient à l'infini, et montent jusqu'à la mer; des prairies émaillées, et les plus beaux pâturages, ajoutaient encore à ce site magnifique. J'étais vraiment en extase, et ne trouvais point d'expression assez élevée pour louer dignement l'auteur de tant de merveilles.

Ce pays porte le nom d'*Auteniquoi*, ce qui, dans l'idiome hottentot, signifie homme chargé de miel : en effet, on ne peut y faire un pas sans rencontrer mille essaims d'abeilles; les fleurs naissent par myriades; les parfums mélangés qui s'en échappent et viennent délicieusement frapper l'odorat, leurs couleurs, leur variété, l'air pur et frais qu'on respire, tout vous arrête et suspend vos pas : la nature a fait de ces beaux lieux un séjour de féerie. Le calice de presque toutes les fleurs est chargé de sucs exquis, dont les mouches composent leur miel, qu'elles vont déposer partout dans des creux d'arbres et de rochers. Mes gens auraient désiré de s'arrêter dans ces beaux lieux. Je craignis pour eux le séjour de Capoue; et, sans perdre de temps, je donnai l'ordre pour continuer la route, et me hâtai vers la rivière Wet-Els. Elle tire son nom des bois qui bordent son cours.

Le 9, nous traversâmes encore plusieurs petits ruisseaux, qui, tous descendus des montagnes, se rendent dans l'Océan par cent canaux divers.

Je touchais au dernier poste de la compagnie. Nous arrivâmes enfin après trois heures d'une marche un peu vive. J'allais donc entièrement me soustraire à la domination de l'homme, et me rapprocher un peu des conditions de sa primitive origine.

Le sieur Mulder, commandant, vint me recevoir, et me fit beaucoup d'amitiés.

Il entra dans mes vues de demeurer quelques jours chez lui, et c'est ici la seule fois que je me sois écarté de mon plan ; mais des raisons de politique m'y retinrent, et je ne pouvais m'excuser avec décence. On avait envoyé partout l'ordre de me laisser passer, de m'aider et de me fournir tous les secours dont j'aurais besoin. M. Mulder, comme occupant le dernier poste, avait reçu de plus vives instances que les autres : je cédai à son désir. Le motif honnête de son procédé m'invitait assez, et peut-être comptait-il lui-même sur le bon témoignage que rendrait de lui ma reconnaissance lorsque je serais de retour au Cap.

Ce commandant se préparait à partir pour le Cap. Il me céda une vingtaine de livres de poudre. J'augmentai mon train de quelques bœufs ; j'enrôlai encore trois Hottentos ; je fis emplette d'un cheval de course, que je me proposais de dresser moi-même à la chasse ; le 15 février, je saluai M. Mulder et Mme la commandante, pour aller prendre possession de ma forêt et m'établir dans l'emplacement que je m'étais choisi.

II.

Je dressai mes tentes. Ma cuisine fut établie sous un gros arbre qui semblait avoir vieilli là tout exprès, et mes Hottentots, de leur côté, s'arrangèrent de leur mieux et se bâtirent des cabanes. Nous avions, à dix pas de nous, un petit ruisseau très-limpide, et, vis-à-vis, un charmant coteau couvert d'excellentes herbes pour nos chevaux et pour nos bœufs ; par ce moyen, nous les tenions à notre portée. Tant de facilités réunies rendaient cette halte agréable ; malheureusement nous fûmes obligés de nous transplanter plusieurs fois, attendu que le gibier de toute

2.

espèce, effarouché par nos chasses, commençait à devenir rare, et se serait retiré tout-à-fait

J'étais quelquefois visité par les habitants du district ; ce qui me donnait facilité de faire provision chez eux de fruits, de légumes, de lait et de toutes les choses qu'ils pouvaient me fournir. A la vérité, leurs visites me coûtèrent quelques bouteilles d'eau de vie ; mais, comme je déteste cette liqueur, et que je n'en buvais jamais, cette réserve les retint un peu, et les plaies qu'ils firent à mes tonneaux ne furent pas bien meurtrières.

Vers la fin du mois, nous fûmes contrariés par de grandes pluies ; elles durèrent long-temps, et presque sans relâche. Les orages se succédaient avec rapidité ; le tonnerre tomba plusieurs fois près de nous ; l'eau nous gagnait de toutes parts, et. pour comble d'embarras, dans une seule nuit, notre cirque fut entièrement submergé. Nous quittâmes aussitôt le bois où nous étions campés pour aller nous établir plus haut en rase campagne. Je voyais, avec le plus amer chagrin, qu'il n'était pas possible de sortir d'un lieu où nous nous trouvions circonscrits : ces petits ruisseaux, qui d'abord avaient si agréablement charmé notre vue, s'étaient changés en torrents furieux, entraînant avec eux les sables, les arbres et les éclats de rochers. Je sentais qu'à moins de s'exposer aux plus grands sacrifices, il était impossible de les traverser. Déjà mes pauvres Hottentots, fatigués et malades, commençaient à murmurer : plus de vivres, plus de gibier, ce que nous en tuïons suffisait à peine à notre subsistance, parce que, resserrés par le torrent qui grossissait chaque jour davantage, nous n'avions pas même la ressource de nos voisins pour obtenir quelque assistance.

Alors je bénis mille fois le ciel d'avoir inspiré à mon épouse la pensée de me donner dans mes courses un puissant gardien et un Dieu consolateur ; j'engageai mes gens à se mettre en prières, mais ils me regardèrent d'un air d'étonnement stupide qui attestait leur ignorance; car ils n'avaient pas reçu le flambeau de la foi catholique; et le protestantisme, qui avait séché leur cœur, n'avait pas de ministres assez zélés pour développer à leur esprit une croyance qu'ils n'avaient fait que montrer à ces pauvres peuples, afin de les tenir dans leurs liens, plutôt que pour adoucir, par la religion, les peines de leur vie. Pour moi, j'eus recours à mon crucifix, et j'invoquai mon Dieu, espérant en sa protection et en son secours. Je ne fus pas trompé : les vents changèrent, les pluies devinrent moins fréquentes, les torrents baissèrent; je fis partir quatre Hottentots, pour aller à la découverte de mes bœufs, qui presque tous avaient quitté mon camp; après quelques jours d'absence, ils me les ramenèrent. Les uns s'étaient fort éloignés, d'autres s'étaient réfugiés dans différentes habitations, d'autres enfin s'étaient abrités comme ils avaient pu; il m'en manquait quatre que mes gens n'avaient point retrouvés. Sans délai je me mis en devoir de quitter cette terre ingrate et de lever le camp pour aller le placer à trois lieues plus loin, sur une colline nommée Pampoen-Kraal. Puis nous continuâmes notre route.

Après huit heures de marche, nous arrivâmes près de la rivière Noire; elle était débordée par les pluies, et nous fûmes obligés de la passer sur des radeaux que nous construisîmes à l'instar de ceux que nous avions déjà faits.

A mesure que je m'éloignais des colonies, et m'avançais dans les terres, tout prenait, à mes regards, une teinte nouvelle. Les campagnes étaient plus magnifiques; le sol me semblait plus fécond et plus riche, la nature plus majestueuse et plus fière; la hauteur des monts offrait, de toutes parts, des sites et des points de vue que je n'avais jamais rencontrés. Ce contraste avec les terres arides et brûlées du

Cap me faisait croire que j'en étais à plus de mille lieues.

J'avançais toujours ; mais, soit que les fatigues et les traverses multipliées que je venais d'éprouver coup sur coup eussent un peu dérangé ma santé, soit que je dusse payer le tribut à ces nouveaux climats, et que leur température eût agi sur moi fortement, je fus soudain frappé de maladie et de l'idée cruelle que je laisserais mes restes à deux mille lieues de ma famille. Mon imagination trop active s'exagéra ce malheur ; je laissai mon âme s'abattre et se décourager. La plus noire mélancolie vint s'emparer de mes sens, et je me vis en effet arrêté. J'éprouvais des maux de tête violents, une pesanteur extraordinaire, un malaise général qui m'annonçait de pressants dangers. C'était l'unique malheur que j'avais redouté en partant. Je sentis qu'il était à propos d'enrayer, afin de me rasseoir, et je pris enfin mon parti : la maladie la plus sérieuse devait là, tout aussi bien qu'au milieu des fourrures doctorales, prendre un cours heurenx, ou finir par la mort.

Je me traînai donc comme je pus, et visitai promptement les environs. Le voisinage d'un petit ruisseau m'offrit un emplacement heureux pour mon camp ; j'y fis dresser mes tentes à la lisière d'un bois. Je ne connaissais de la médecine pratique que la diète et le repos; mes gens n'en savaient pas davantage: j'allais, entre leurs mains, courir de tristes hasards, si la maladie empirait. L'accablement survint et me força de rester couché dans mon chariot. La chaleur du soleil en faisait une fournaise ardente. D'horribles douleurs me déchiraient les entrailles. Une dysenterie cruelle se déclara; j'entendis, à leur tour, mes gens se plaindre, l'un après l'autre, du même mal. J'imaginai alors que nous devions cette espèce d'épidémie à la grande quantité de poisson salé que nous avions mangée; j'ordonnai sur-le-champ qu'on brûlât la provision qui nous restait. La fièvre me consumait par degrés; mais je ne perdis point entièrement les forces. Après douze jours d'une transpiration abondante, le repos et la diète en effet me rétablirent.

Après mon parfait rétablissement, je repris de nouveau mes occupations ordinaires.

Jusqu'au 25 juin, je fis plusieurs campements aux environs de la baie, dans différents endroits.

Résolu de continuer mes incursions entre la chaîne des montagnes et la mer, j'allai reconnaître les lieux. Je cherchais et ne pouvais trouver nulle par un endroit par où mes chariots pussent passer librement;

les forêts étaient d'une étendue et d'une épaisseur qui ne permettaient pas de s'y enfoncer : de leur côté, mes Hottentots n'étaient pas plus heureux que moi dans leurs recherches ; nous ne trouvions absolument aucune issue. Je me décidai donc à traverser la chaîne des montagnes ; encore, pour s'engager, fallait-il y trouver le commencement d'un passage, et le moyen, pour ces malheureux bœufs, d'y tenir pied. J'eus beau courir, arpenter, divaguer sans cesse, toujours, de quelque côté que je me retournasse, des rochers à pic frappaient mes regards. Nous nous étions, sans le savoir, engorgés dans une espèce de cul-de-sac, dont on ne pouvait se retirer qu'en revenant sur ses pas c'est le parti que nous fûmes obligés de prendre, et nous nous retrouvâmes au bois du Poort, d'où j'étais parti un mois auparavant.

Il faut souvent peu de chose pour rendre le calme à notre âme : telle est l'heureuse instabilité de l'esprit humain ! Cette terre que je voyais avec de plus amer regrèt, et qui me semblait âpre et si triste, prit tout-à-coup une façon nouvelle et riante. Je vis sous mes pas des traces d'une troupe d'éléphants, qui devaient avoir passé le même jour ; il n'en fallut pas davantage pour dissiper mes chagrins, et me consoler du retard que j'éprouvais dans ma route.

Dans le nombre de mes Hottentots, j'en avais un qui, dans sa jeunesse, avait voyagé jusque-là avec sa horde et sa famille, qui n'en était pas éloignée jadis.

Il en avait encore une connaissance superficielle. Je le choisis avec quatre autres bons tireurs ; et, après avoir mis ordre à mon camp, nous partîmes tous six, munis de quelques provisions, et suivîmes les traces, que nous ne perdîmes pas un seul instant de vue. Elles nous conduisirent à la nuit, sans que jusque-là nous eussions rien vu autre chose. Nous soupâmes gaîment, nous invitant les uns les autres à ne pas trop regretter les douceurs du camp ; et, après avoir fait un grand feu, nous nous couchâmes autour, sur la terre refroidie et dure.

Quoique chacun de nous eût affecté d'inspirer à ses compagnons des sentiments de patience et de courage, un mouvement d'inquiétude et de crainte nous tourmentait également, et personne ne jouit d'un sommeil paisible. Au moindre souffle, au plus léger bruissement d'une feuille, nous étions aux écoutes, et bientôt sur nos gardes. La nuit s'écoula dans ces petites agitations. Dès la pointe du jour, j'excitai les dormeurs avec mes cris ; leur toilette ne fut pas longue : un verre d'eau-de-vie leur rendit cette première épreuve plus douce, et leur fit oublier mon brusque réveille-matin.

Nous n'avions pas perdu de vue la trace de nos animaux; après quelques heures de fatigues et de marche pénible au milieu des ronces, nous parvînmes à un endroit du bois fort découvert.

Un de mes Hottentots, qui était monté sur un arbre pour observer, après avoir jeté les yeux de tous côtés, nous fait signe, en mettant un doigt sur la bouche, de rester tranquilles; il nous indique avec la main, qu'il ouvre et ferme plusieurs fois, le nombre d'éléphants qu'il aperçoit. Il descend; on tient conseil, et nous prenons le dessous du vent, pour approcher sans être découverts. Il me conduit si près, à travers les broussailles, qu'il me met en présence d'un de ces énormes animaux. Nous nous touchions, pour ainsi dire; je ne l'apercevais pas! non que la peur eût fasciné mes yeux : il fallait bien ici payer de sa personne, et se préparer au danger. J'étais sur un petit tertre au-dessus de l'éléphant même. Mon brave Hottentot avait beau me le montrer du doigt, et me répéter vingt fois d'un ton impatient et empressé : « Le voilà!... mais le voilà! » je ne voyais toujours point; je portais la vue beaucoup plus loin, ne pouvant m'imaginer que ce que j'avais à vingt pas au-dessous de moi pût être autre chose qu'une portion de rocher, puisque cette masse était entièrement immobile. A la fin cependant, un léger mouvement frappa mes regards. La tête et les défenses de l'animal, qu'effaçait son énorme corps, se tournèrent avec inquiétude vers moi. Sans plus perdre de temps et mon avantage en belles contemplations, je pose vite mon gros fusil sur son pivot, et lui lâche mon coup au milieu du front. Il tombe mort. Le bruit en fit sur-le-champ détaler une trentaine, qui s'enfuirent à toutes jambes.

Je prenais plaisir à les examiner, lorsqu'il en passa un à côté de nous, qui reçut un coup de fusil d'un de mes gens. Je jugeai qu'il était dangereusement blessé : il se couchait, se redressait, retombait ; mais, toujours à ses trousses, nous le faisions relever à coups de fusil. L'animal nous avait conduits dans de hautes broussailles, parsemées çà et là de troncs d'arbres morts et renversés. Au quatorzième coup il revint furieux contre le Hottentot qui l'avait tiré ; un autre l'ajusta d'un quinzième, qui ne fit qu'augmenter la rage de l'éléphant, et, gagnant au pied sur les côtés, il nous cria de prendre garde à nous. Je n'étais qu'à vingt-cinq pas, je portais mon fusil, qui pesait trente livres, outre mes munitions. Je ne pouvais être aussi dispos que mes gens, qui, ne s'étant pas laissés emporter aussi loin, avaient d'autant plus d'avance pour échapper à la trompe vengeresse. Je fuyais ; mais l'éléphant gagnait à chaque instant sur moi. Plus mort que vif, abandonné de tous les miens (un seul accourait en ce moment pour me défendre), il ne me reste que le parti de me coucher et de me blottir contre un gros tronc d'arbre renversé. J'y étais à peine que l'animal arrive, franchit l'obstacle, et, tout effrayé lui-même du bruit de mes gens, qu'il entendait devant lui, il s'arrête pour écouter. De la place où je m'étais caché, j'aurais bien pu tirer (mon fusil, heureusement, se trouvait chargé) ; mais la bête avait reçu inutilement tant d'atteintes, elle se présentait à moi si défavorablement, que, désespérant de l'abattre d'un seul coup, je restai immobile en attendant mon sort. Je l'observais cependant, résolu de lui vendre chèrement ma vie si je le voyais venir à moi. Mes gens, inquiets de leur maître, m'appelaient de tous côtés. Je me gardais bien de répondre. Convaincus, par mon silence, qu'ils avaient perdu leur chef, ils redoublent leurs cris et reviennent en désespérés. L'éléphant, effrayé, rebrousse aussitôt, et saute une seconde fois le tronc d'arbre, à six pas au-dessous de moi, sans m'avoir aperçu. C'est alors que, me remettant en pied, et voulant donner à mes Hottentots quelque signe de vie, je lui envoie mon coup de fusil dans la culotte. Il disparut entièrement à mes regards, laissant partout, sur son passage, des traces certaines du cruel état où nous l'avions mis.

Ce tableau n'est point achevé : la reconnaissance et l'amitié réclament un dernier trait. Cœur sensible, brave homme ! l'heure est venue de t'élever ce simple monument que je t'avais promis ; tu ne comprendras jamajs à quel point il m'est cher ! Puisse-t-il répandre quelque honneur sur mes voyages, et même en décorer l'histoire ! Elle ne parviendra pas jusqu'à toi, dans le fond de ton désert paisible ; mais tu sentis mes larmes, mais tes bras fraternels ont pressé mon cœur ; soit que tu meures, soit que tu vives, je le sens... mon souvenir durera plus longtemps et plus glorieusement chez tes hordes sauvages que par les trophées de la vanité des hommes. J'en suis peu digne, je les abjure ; mais toi, généreux Klaas, jeune élève de la nature, belle âme que n'ont point défigurée nos brillantes institutions, garde toujours la mémoire de ton ami : c'est à toi seul qu'il adresse encore ses pleurs et ses tendres regrets.

C'était alors que, couché le long d'un misérable

tronc d'arbre, à la merci d'un animal furieux dont l'œil égaré me cherchait de toutes parts, qui, s'il se fût tourné vers moi, m'anéantissait sur place ; c'était alors que mon cœur, tout palpitant d'effroi, s'ouvrait aux charmes d'un sentiment délicieux que m'inspirait un de ces humains dont les nations policées ne parlent qu'avec mépris. En partant du Cap, je l'avais reçu de M. Boers comme un homme sur la bravoure et la fidélité duquel je devais compter.

C'est ce même homme qui ne m'avait pas un seul instant abandonné, mais qui, m'ayant vu tout-à-coup disparaître, accourait à mon secours et me cherchait vainement. Je l'entendais à travers les broussailles m'appeler d'une voix étouffée, puis, s'adressant à ses camarades, qui le suivaient d'un peu loin, humiliés, confondus, leur reprocher leur lâcheté au milieu du péril. « Que deviendrez-vous, leur disait-il en son langage expressif et touchant, que deviendrons-nous si nous avons le malheur de trouver notre infortuné maître écrasé sous les pieds de l'éléphant? Oserez-vous jamais retourner au Cap sans lui? Quelle que soit votre excuse, vous passerez pour ses lâches assassins : c'est vous, en effet, qui l'avez assassiné. Retournez au camp, pillez, dispersez ses effets, devenez tout ce que vous voudrez; pour moi, je ne quitte point cette place; vivant ou mort, il faut que je retrouve mon malheureux maître ; et j'ai résolu de périr avec lui. » Il accompagnait ce discours de gémissements et de sanglots si touchants que, dans le moment le plus critique, je sentis mes yeux se mouiller, et l'attendrissement succéder aux glaces de l'effroi. Mon coup de fusil fut un signal de joie; je me vis à l'instant entouré des miens et pressé dans les bras de mon cher Klaas avec des étreintes si vives qu'il ne pouvait se détacher de mon corps. Ses camarades eux-mêmes, pénétrés de regrets et dans une attitude suppliante, tendaient les mains vers moi comme pour implorer leur pardon. Je jouissais trop pleinement pour oser troubler cette scène attendrissante par de belles paroles et des reproches inutiles ! Depuis ce jour heureux de ma vie, le bon Klaas fut déclaré mon égal, mon frère, le confident de tous mes plaisirs, de mes disgrâces, de toutes mes pensées ; il a plus d'une fois calmé mes ennuis et ranimé mon courage abattu.

Avant de quitter le Cap, mon ami, M. Boers, m'avait promis que si, pendant mon absence, il recevait pour moi des lettres d'Europe, quelque route que j'eusse tenue, quelque lieu que j'habitasse, il me les ferait parvenir; ce respectable ami avait tenu parole:

un Hottentot, au moment où je m'y attendais le moins, parvint jusqu'à moi, et me remit de sa part un paquet qui en contenait plusieurs, et qui portaient le timbre de France : c'étaient les premières nouvelles que je recevais depuis mon départ d'Europe. Qu'on se figure mon impatience et le trouble de mes sens en prenant ces lettres des mains de l'envoyé ; dans l'incertitude de ce que j'allais apprendre, j'avais à peine la force de les ouvrir. Elles étaient toutes de mes plus chers amis et de ma femme ; je n'y voyais partout que des sujets de félicité : j'étais aimé, regretté. La tendre amitié venait me chercher jusqu'au fond de mon désert, pour inonder mon cœur de ses voluptés ; je ne pouvais ni parler, ni soupirer, ni pleurer ; je ne pouvais que rester à cette place, et mourir de ma joie. Peu à peu, je repris mes sens, et je revins à mon camp.

Ces premiers élans apaisés, je m'enfermai dans ma tente ; et, donnant un libre ceurs à mes larmes, je me trouvai soulagé, et me mis en devoir de répondre sur le-champ. Je datai mes lettres du *camp d'Auteniquoi, jour où j'avais tué quatre éléphants.*

La nuit venue, le camp rangé, je m'y plaçai à mon ordinaire, mes papiers sur mon bout de planche, et mes Hottentots autour de moi. « Mes amis, leur dis-je, vous voyez un homme, un de vos compatriotes que M. Boers envoie pour s'informer de ce que je suis devenu, pour savoir de moi-même si votre conduite répond à ce qu'il attend de vous, et à ce que vous me devez. Voilà la réponse que je lui fais : je lui apprends que jusqu'à ce jour, vous vous êtes comportés en braves et honnêtes gens; que depuis dix-huit mois que nous voyageons ensemble, je vous regarde comme les fidèles compagnons de mon entreprise et de mes travaux ; je lui dis qu'il doit être sans inquiétude à mon égard, parce que je compte sur vous comme sur moi-même ; et, afin que, de retour au Cap, l'envoyé de M. Boers puisse assurer vos amis et vos familles que vous vous portez bien, que vous êtes contents et heureux avec moi, je veux qu'il soit témoin de la façon amicale avec laquelle je vous traite. Voici de mon meilleur tabac ; je prétends que toutes les pipes s'allument. »

Et aussitôt je leur en fis une ample distribution ; chacun alors se mit à sa place, et s'enfuma tout à son aise. Ensuite quelques bouteilles d'eau-de-vie, que je distribuai en l'honneur de notre messager, mirent la joie dans mon camp. Tous ees braves gens ne savaient comment ils devaient m'en témoigner leur reconnaissance. Ils chantaient, ils dansaient autour de moi comme des fous. Mon Keès prit part à cette fête. Il était auprès de moi, il aimait cette place; les soirs surtout il ne manquait pas de s'y rendre. Elevé comme un enfant de famille, je l'avais passablement gâté : je ne buvais ou ne mangeais rien que je ne le partageasse avec lui. S'il m'arrivait quelquefois de l'oublier, ennemi juré de mes distractions, il avait grand soin de m'arracher à mes rêveries par quelques coups de sa main, ou le bruit de ses lèvres. La gourmandise le poignait avec force; son tempérament le portait aux extrêmes; il aimait également le lait et l'eau-de-vie. Jamais je ne lui faisais donner de cette liqueur que sur une assiette, qu'on plaçait ordinairement devant lui: j'avais remarqué que, toutes les fois qu'il en avait bu dans un verre, sa précipitation lui en faisant avaler autant par le nez que par la bouche, il en avait pour des heures entières à tousser et à éternuer; ce qui l'incommodait fort, et pouvait, à la longue, lui casser quelque vaisseau.

Il était donc à mes côtés, son assiette à terre devant lui, attendant qu'on lui servît sa portion, suivant des yeux la bouteille qui faisait la ronde, et s'arrêtant à chacun des Hottentots. Dans quelle impatience il attendait son tour! comme ses mouvements et ses regards semblaient nous dire qu'il craignait que la cruelle bouteille ne se vidât trop tôt, et n'arrivât point jusqu'à lui !

Le lendemain, de grand matin, nous gravîmes la montagne, non sans beaucoup de peine et de fatigue; mais ce ne fut rien en comparaison de celles que nous causa sa descente. J'en fus d'abord effrayé ; mais, quand nous l'aperçûmes, chacun de nous se regarda sans proférer un seul mot, comme des gens pris au piége sans s'y être attendus. Nous ne pouvions cependant demeu rer sur le pic, il fallait bien descendre d'un côté ou de l'autre. Je pris soin de ne faire descendre mes voitures que les unes après les autres. Enfin, après de grandes fatigues, je me trouvai dans le plus noir et le plus affreux des déserts.

Ce n'était plus ce délicieux et fertile pays d'Auteniquoi; la montagne que nous venions de traverser nous en séparait à jamais. Elle ne pouvait plus nous offrir ces forêts majestueuses que nous avions si long-temps admirées; tout le revers de sa chaîne était hideux, pelé, sans aucun arbre, sans aucune apparence de verdure.

A mesure que nous avancions, les deux chaînes de montagnes paraissaient se rapprocher exprès, et le pays se rétrécissait considérablement : la vallée n'était presque plus qu'une ravine marécageuse, qui, pendant six grandes lieues, donna beaucoup de peine à mes bœufs. Nous revîmes encore une fois le Krom-Rivier ; mais ce fut pour la dernière : il prenait sa route vers l'est, où il va se jeter à la mer, et nous tournâmes enfin tout-à-fait au nord.

Le l'Ange-Kloof a, dans sa longueur, quelques misérables huttes qui ressemblent moins à des habitations d'hommes qu'à des tanières d'animaux. On y nourrit un peu de bétail. Lorsque le vent d'est vient frapper ces contrées sauvages, le froid y est excessif : je l'ai senti depuis le premier jour jusqu'au dernier. Nous avions, tous les matins, de la glace et des gelées blanches. Je ne sais pas combien cette vallée de désolation a de longueur précise ; mais je suis sûr d'avoir employé quarante-six heures de marche pour la traverser.

Après m'être avancé sept à huit lieues, je franchis *Diep-Rivier* (la rivière profonde), et, dix lieues plus loin, le sept août, nous campâmes sur les bords de celle du *Gamtoos*. Elle tire son nom d'un infortuné capitaine qui, dans une tempête, avait fait naufrage à son embouchure.

Une demi-heure avant d'arriver, il nous avait

fallu descendre encore une montagne fort escarpée et très-dangereuse : deux de mes bœufs y furent éventrés. Je dus cette perte à celui de mes gens qui conduisait la deuxième voiture, et qui s'en était imprudemment écarté.

Combien nous fûmes dédommagés, à l'aspect de ce pays brillant et nouveau, de l'ennui que nous éprouvions depuis plusieurs jours au milieu des chemins détestables et des glaces de la vallée de l'Ange-Kloof !

Le premier jour de mon campement, vers le milieu de la nuit, couché dans une tente, mais ne dormant pas encore, je crus entendre un bruit qui n'était pas ordinaire ; je prêtai l'oreille avec attention ; je ne m'étais pas trompé, c'étaient des cris et des chants qui ne paraissaient pas venir de loin. J'appelai aussitôt mes gens, qui me dirent qu'ils entendaient aussi un bruit confus? Mais étaient-ce des Hottentots, étaient-ce des Cafres? Je devais redouter ceux-ci, non qu'ils soient, comme d'ignorants écrivains les dépeignent, plus altérés de sang humain que les autres sauvages, mais parce que les traitements odieux que leur font essuyer les colons les portent davantage à la guerre et à la vengeance. A mesure que nous marchions, le bruit était plus distinct, et nous vîmes les feux. Je ne pouvais me persuader que ce fussent des Cafres; ils se seraient trahis eux-mêmes : en vain l'artifice emprunte les ombres de la nuit; il doit encore emprunter son silence.

Je me postai dans une embuscade, afin de les surprendre s'ils venaient à passer pour piller mon camp, et je détachai deux de mes gens pour aller à la découverte. Ils revinrent aussitôt, et m'apprirent que nous n'avions eu qu'une fausse alarme, et que c'était une horde hottentote qui chantait et se divertissait. Je me rassurai, et fus même enchanté de cette nouvelle, qui me promettait pour le lendemain une entrevue intéressante. Nous gagnâmes notre gîte, et chacun se rendormit tranquillement.

De bon matin, je suis de nouveau réveillé par des ramages qui n'étaient pas moins de mon goût : c'étaient des oiseaux que je ne connaissais point, et que je n'avais jamais entendus. Je les trouvais magnifiques. Je fus ébloui par le brillant et le changeant des étourneaux cuivrés, du sucrier à gorge méthyste, du couroucoucou, du martin-chasseur, et de beaucoup d'autres. Je vis aussi des espèces que j'avais déjà rencontrées.

Pendant que je m'amusais à tirer ces oiseaux, je

permis à mes Hottentots d'aller reconnaître et visiter les leurs. La connaissance fut bientôt liée avec cette horde sauvage. Je me rendis, à mon tour, auprès d'elle; nous fûmes bientôt satisfaits les uns des autres. Leurs femmes s'habituèrent à nous porter, tous les soirs, une grande quantité de lait. Ces gens étaient riches en bestiaux; ils me firent présent de quelques moutons ; ils y ajoutèrent encore une paire de magnifiques bœufs pour mes attelages; et, ne voulant point être en reste avec eux, je leur donnai du tabac, des briquets et quelques couteaux.

Mes manières engageantes m'avaient gagné la confiance et l'amitié de ces bons sauvages; ils avaient de moi une si haute opinion qu'ils n'entreprenaient rien sans me consulter. Un jour, ils vinrent se plaindre des hyènes du pays, qui désolaient et ravageaient leurs troupeaux. J'ajoutai d'autant plus de foi à leurs discours que je venais d'avoir moi-même un de mes bœufs dévoré par ces animaux. Enchanté de faire cette chasse avec eux, je leur assignai jour pour le lendemain; je les vis arriver tous à ma tente; ils étaient au moins cent hommes bien armés d'arcs et de flèches. J'y joignis tous mes chasseurs en me mettant à leur tête; nous battîmes, avec nos chiens, tout le pays. J'avais espéré, avec tant de monde, détruire jusqu'à la dernière de ces bêtes féroces ; mais trois coups de fusil, qui en avaient mis trois à bas, dissipèrent apparemment tout le reste : nous n'en rencontrâmes plus du tout ; le bruit les avait écartées au loin, de façon que, de ce moment-là jusqu'à notre départ, il ne fut non plus question d'hyènes que s'il n'en avait jamais existé.

Tant que je restai dans ce canton, je variai mes campements avec mes occupations ; mais toujours je m'attachai aux bords riants du Gamtoos. J'y fis une ample moisson de raretés, et ma collection s'y accrut sensiblement.

III

Le 11 septembre, à six heures du matin, nous décampâmes. J'en avais donné connaissance à la horde voisine. C'était avec le plus sincère et le plus vif regret qu'elle nous voyait partir; moi-même, je m'en séparais avec peine. Ces bonnes gens m'avaient inspiré de l'attachement : « Tant de douceur et de simplicité, me disais-je, peuvent-elles attirer tant de mépris ? Sont-ce donc là ces sauvages de l'Afrique, avides du sang des étrangers, et qu'on n'aborde qu'avec horreur? »

Je n'irai pas plus avant sans donner sur eux, en général, des aperçus certains, sans lequels on

3.

n'a pu jusqu'ici s'en former que des idées imparfaites.

Ils ne composent plus, comme autrefois, une nation uniforme dans ses mœurs, ses usages et ses goûts. L'établissement de la colonie hollandaise a été l'époque funeste qui les a désunis tous, et la cause des différences qui les distinguent aujourd'hui.

Lorsque, en 1652, le chirurgien Riébek, de retour de l'Inde à Amsterdam, ouvrit les yeux des directeurs de la compagnie sur l'importance d'un établissement au cap de Bonne-Espérance, ils pensèrent sagement qu'une telle entreprise ne pouvait être mieux exécutée que par le génie même qui l'avait conçue. Ainsi, chargé de pouvoirs, bien approvisionné, muni de tout ce qui pouvait contribuer à la réussite de son projet, Riébek arriva bientôt à la baie de la Table. En politique adroit, en habile conciliateur, il employa toutes les voies détournées propres à lui attirer la bienveillance des Hottentots, et couvrit de miel les bords du vase empoisonné. Gagnés par de cruels appâts, ces maîtres imprescriptibles de toute cette partie de l'Afrique, les sauvages ne virent point tout ce que cette profanation coupable leur enlevait de droits, d'autorité, de repos, de bonheur. Indolents par nature, vrais cosmopolites, et nullement cultivateurs, pourquoi se seraient-ils inquiétés que des étrangers fussent venus s'emparer d'un petit coin de terre inutile et souvent inhabité? Ils pensèrent qu'un peu plus loin, un peu plus près, il importait peu dans quel lieu leurs troupeaux, la seule richesse digne de fixer leurs regards, trouveraient leur nourriture, pourvu qu'ils la trouvassent. L'avare politique des Hollandais entrevit de grandes espérances dans des commencements aussi paisibles; et, comme elle est surtout habile et plus âpre qu'une autre à saisir les avantages de la fortune, elle ne manqua pas de consommer l'œuvre, en offrant aux Hottentots deux amorces bien séduisantes : le tabac et l'eau-de-vie. De ce moment, plus de liberté, plus de fierté, plus de nature, plus de Hottentots, plus d'hommes : ces malheureux sauvages, alléchés par ces deux appâts, s'éloignèrent le moins qu'ils purent de la source qui les leur offrait. D'un autre côté, les Hollandais, qui, pour une pipe de tabac ou un verre d'eau-de-vie, pouvaient se procurer un bœuf, se ménagèrent, autant qu'ils purent, d'aussi précieux voisins. La colonie insensiblement s'étendait, s'affermissait; on vit bientôt s'élever sur des fondements qu'il n'était plus temps de détruire cette puissance redoutable qui dicta des lois à toute cette partie de l'Afrique, et recula bien loin tout ce qui voulut s'opposer aux progrès de son ambitieuse cupidité. Le bruit de ses prospérités se répandit, et y attira de jour en jour de nouveaux colons. On jugea, comme cela se pratique toujours, que la loi du plus fort était un titre suffisant pour s'étendre à volonté. Cette logique rendit nuls ceux de la propriété, si sacrés et si respectables : on s'empara indistinctement, à plusieurs reprises, au-delà même des besoins, de toutes les terres que le gouvernement ou les particuliers favorisés par lui jurèrent bonnes et trouvèrent à leur bienséance.

Les Hottentots, ainsi trahis, pressés, resserrés de toutes parts, se divisèrent, et prirent deux partis tout-à-fait opposés. Ceux que la conservation de leurs troupeaux intéressait encore s'enfoncèrent dans les montagnes vers le nord et le nord-est; mais ce fut le plus petit nombre. Les autres, ruinés par quelques verres d'eau-de-vie et quelques bouts de tabac, pauvres, dépouillés de tout, ne songèrent point à quitter le pays; mais, renonçant absolument à leurs mœurs, ainsi qu'à leur antique et douce origine, dont ils ne se souviennent plus même aujourd'hui, ils vendirent lâchement leurs services aux blancs, qui, d'étrangers soumis, tout-à coup devenus maîtres et cultivateurs entreprenants et fiers, n'ont pas même assez de bras pour faire valoir leurs immenses richesses, et se déchargent entièrement des travaux pénibles et multipliés de leurs habitations sur ces infortunés Hottentots, de plus en plus dégradés et abâtardis.

Tels sont, en général, les Hottentots connus aujourd'hui sous le nom de Hottentots du Cap, ou Hottentots des colonies. Il faut bien se garder de les confondre avec les Hottentots sauvages, qu'on nomme, par dérision *Jackats-Hottentots*, et qui, fort éloignés de la domination arbitraire du gouvernement hollandais, conservent encore, dans le désert qu'ils habitent, toute la pureté de leurs mœurs primitives.

Parvenu au point de mon voyage, n'ayant plus de relation avec les premiers, que je laisse derrière moi, j'arrive et me trouve au milieu des seconds.

Toute la horde qui avait eu de la peine à se séparer de moi m'accompagna jusqu'à la rivière *Louri*, à quatre lieues de Gamtoca. Nous nous arrêtâmes pour prendre congé de nos bons amis, les régaler de quelques verres d'eau-de-vie et de quelques pipes de tabac. Les femmes qui, pendant mon séjour dans les environs de leurs kraals, s'étaient attachées à mes Hottentots, et qui peut-être aussi regrettaient un peu ma cuisine, voulaient absolument nous suivre; mais plusieurs fois je m'étais aperçu, quoique j'eusse feint de ne pas le remarquer, qu'il s'était élevé quelques démêlés entre mes gens; il s'en était suivi un peu de relâchement dans le service : ainsi je refusai nettement à ces femmes la permission de m'accompagner et de rester avec moi. Une seule m'avait paru fort agissante : j'avais remarqué qu'elle avait grand soin de mes vaches et de mes chèvres, qu'elle savonnait et blanchissait fort bien mon linge; je résolus de la garder; je lui donnai le nom de Ragel. Elle m'a suivi partout jusqu'à la fin de ce voyage.

Après le départ de la horde, nous continuâmes notre route; mais un gros orage nous força d'arrêter à Galgebos. Il était cinq heures du soir. Le lieu ne manquait pas d'agréments; j'y aurais volontiers séjourné quelque temps, mais il n'y coulait pas un un seul ruisseau. Nous allâmes donc à deux lieues de là passer la rivière *Van-Staade*, et dételer, à sept heures, sur le bord d'une mare qui pouvait abreuver toute la caravane.

La horde dont je venais de me séparer était venue, dès le matin, m'apporter dans mon camp une bonne provision de lait; j'en avais placé une cruche presque remplie sur mon chariot, dans l'intention de m'en servir en route pour me désaltérer; l'orage que nous avions essuyé m'avait tellement rafraîchi que je n'y avais pas touché. Le soir, après les feux faits, je voulus distribuer ce lait à mes gens; mais il était tourné : je le fis jeter dans une chaudière pour en régaler mes chiens. Combien ne fus-je pas émerveillé d'y trouver le plus excellent et le plus beau beurre! J'en étais redevable aux cahots de la voiture, qui l'avaient battu pendant la route. Cette découverte, que je mis en pratique dans tout mon voyage, me procurait, outre le beurre frais, un petit lait salutaire dont je faisais fréquemment usage, et qui sans doute contribua à me tenir vigoureux et bien portant.

Le jour suivant, un second orage nous empêcha de partir; il était affreux. Il tombait des grêlons aussi gros que des œufs de poule; mes bestiaux en souffraient de manière à m'inquiéter beaucoup. Je fus obligé de tuer une de mes chèvres, mortellement blessée; ce fut une perte réelle. Je la regrettai beaucoup.

Mais enfin, le temps ayant changé, nous abandonnâmes notre mare; et, vers le milieu de la journée, après avoir traversé les deux rivières, le petit et le grand *Swaar-Kops*, je fis dételer sur le bord de cette dernière.

Nous avions sur cette seconde rivière, qui était considérable, une autre horde de sauvages. Le kraal était composé de neuf à dix huttes, et fourni de cinquante à soixante personnes tout au plus. Ces gens me conseillèrent de ne point passer la rivière Bossiman, qui coule près de la côte; ils me disaient qu'il était plus à propos de couper sur ma gauche et de gagner davantage l'intérieur du pays, pour éviter une troupe nombreuse de Cafres qui jetaient l'alarme et mettaient tout à feu et à sang dans le canton; que, de côté et d'autre, ce n'était que désordre et pillage, campagnes ravagées, habitations dévastées et réduites en cendres; que les propriétaires, pour échapper à une mort prompte et sûre, avaient tout abandonné, traînant derrière eux quelques faibles reflets de leurs troupeaux; qu'en un mot, je ne devais pas m'approcher de la Cafrerie. Un avertissement aussi brusque m'en imposa d'abord. J'assemblai aussitôt mon monde. On tint conseil sur le parti qu'il fallait prendre J'étais bien aise d'approfondir les dispositions de tous. Il résulta de ce concert unanime, assez conforme à mes desseins cachés, que nous éviterions d'abord, autant que cela ne nous rejetterait pas trop loin, cette dangereuse troupe de Cafres ; que, comme nous étions fort près, nous serions toujours sur nos gardes de jour et de nuit ; que, pour éviter toute surprise, nous ne camperions plus qu'en rase campagne ; que nos bœufs seraient gardés à leur pâture par quatre hommes avec leurs fusils ; que mes chevaux ne quitteraient plus le piquet, afin qu'en cas d'alarme, ils fussent toujours sous la main. Mon grand fusil bien chargé devait rester au camp, et trois coups tirés à des intervalles égaux étaient le signal de ralliement pour ceux que leurs occupations diverses auraient trop éloignés du centre commun.

Nos précautions ainsi bien prises et connues de tout le monde, je montai à cheval, et, suivi de deux de mes gens bien armés, je fis une patrouille rigoureuse, afin de découvrir si, dans les environs, il ne rôdait pas quelques Cafres, et de fusiller impitoyablement le premier que j'aurais vu caché dans l'intention de nous surprendre. Nous ne vîmes rien paraître qui dût nous inquiéter. Convaincus que nous n'avions, pour le moment, rien à redouter de ces

Cafres si terribles, dès le lendemain matin je fis lever le camp, et nous quittâmes le Swaar-Kops.

La horde des Hottentots, effrayée au seul nom de ces cruels vengeurs, se proposait d'aller s'établir plus loin, pour n'être plus dans le voisinage de la Cafrerie. Lorsqu'elle me vit près de partir, elle me demanda la permission de me suivre et de la mettre sous la protection de mon camp. Je leur accordai cette grâce; et quoique, dans le fond, je fusse enchanté de leur proposition, je m'en fis adroitement un mérite, autant dans le dessein de les tenir sous ma dépendance que de rassurer mes gens par ce simulacre imposant, et de soutenir leur courage.

Je fis d'abord partir avant moi la moitié des hommes de cette horde avec tous leurs bestiaux.

Une heure après, je fis filer nos relais, vaches, moutons et chèvres, et toutes les femmes de la horde avec leurs enfants, montées sur leurs bœufs. Une partie de leurs hommes marchait derrière. Cette compagnie était encore escortée par six de mes chasseurs.

J'étais armé de toutes pièces. Je portais une paire de pistolets à deux coups dans les poches de mes culottes, une autre paire pareille, à ma ceinture; mon fusil à deux coups, sur l'arçon de ma selle; un grand sabre à mon côté, et un crit ou poignard à la boutonnière de ma veste. J'avais dix coups à tirer dans le moment.

Le 23, après six heures de marche, nous arrivâmes à une grande et belle rivière, le *Sondag*; elle était à pleins bords ; le temps tournait à la pluie. La crainte d'être encore arrêtés par un débordement nous fit prendre le parti de traverser sur des radeaux. Je fis embarquer nos voitures, pièce à pièce tous les effets et la moitié de mon monde. Ils allèrent camper de l'autre côté de la rivière.

Le 1er octobre, nous reprîmes notre route dans l'ordre accoutumé. Après sept heures de marche, nous nous reposâmes un moment sur les ruines d'une habitation délaissée comme l'autre, et non moins triste et lugubre. A quatre heures du soir, nous nous arrêtâmes à une mare d'eau. Nous fûmes bienheureux, cette nuit-là, d'avoir de grands feux. Quelques hyènes et deux lions nous vinrent visiter, et mirent tous nos bestiaux en désordre. Nous passâmes toute la nuit sur pied. Il ne fallut rien moins que nos décharges bruyantes et non interrompues, pour parvenir à les éloigner, tant ils montraient d'acharnement !

A la pointe du jour, nous vîmes une si grande

quantité de gazelles *Spring-Bock*, que je résolus d'employer la journée entière à en faire la chasse. Nos provisions commençaient à manquer, et demandaient à être renouvelées plus souvent. C'était parmi tout le monde une consommation de viandes dont on ne saurait se faire une juste idée. En conduisant une horde entière et tous leurs animaux, j'avais pris un surcroît d'embarras considérable et qui m'effrayait quelquefois. Nous fûmes assez heureux de tuer sept de ces gazelles. Quoique cette espèce soit leste à la course, à cheval on les joint facilement. Rassemblées ordinairement en troupe et serrées comme des moutons, elles se nuisent mutuellement: ce qui ralentit beaucoup leur marche. Une seule balle bien ajustée peut en traverser deux, quelquefois trois, et plus encore.

Pendant la nuit, nos feux furent aperçus par des Hottentots sauvages. Comme ces gens s'approchaient de nous pour nous reconnaître, ils furent éventés par nos chiens, qui donnèrent l'éveil, et, qui, courant au qui-vive, aboyaient et se démenaient horriblement. Pour cette fois, une partie de mon monde, persuadé que nous étions investis par les Cafres, proposa de laisser le camp, et de se mettre à l'abri dans les buissons : comme si nous eussions été en plus grande sûreté séparément cachés dans de misérables taillis que réunis en corps, bien armés et déterminés. Klaas et moi, nous étions furieux. Le vénérable Swanepoël se joignit à nous pour remonter ces cœurs efféminés, et, quel que dût être l'événement, il jura qu'il s'attachait à moi, et donnerait pour ma défense jusqu'à la dernière goutte de son sang. Au milieu de ces discours et des lâches irrésolutions du reste de ma troupe, une voix se fit entendre qui suppliait, en hollandais intelligible, de rappeler les chiens; ce que l'on fit à l'instant. Lorsque je me fus assuré que ces gens n'étaient que des Hottentots, je leur permis d'approcher; ils parurent au nombre de quinze hommes, plusieurs femmes et quelques enfants.

Ils s'étaient mis en route pour s'éloigner du feu de la guerre. Je fus prévenu par eux que, lorsque j'aurais franchi la montagne, je trouverais encore plusieurs habitations désertes. Ils m'expliquèrent comment les propriétaires de ces habitations éparses s'étaient assemblés dans une seule pour être en force contre l'ennemi; mais que leur parti était pris d'abandonner tout-à-fait le pays et leurs possessions pour se rapprocher des colonies hollandaises, attendu que les Cafres étaient à l'heure même en campagne, et juraient de n'en pas laisser subsister une seule.

Je passai la nuit en conférence de cette nature, et j'appris de ces gens tout ce que je voulais savoir. Je pouvais d'autant moins me déterminer à regarder les Cafres comme des bêtes féroces altérées de sang, que je connaissais assez bien les colons pour suspecter leur foi, et rejeter sur eux une partie des horreurs dont ils affectaient sans cesse de se plaindre. Et pourquoi mêler dans ces guerres affreuses un peuple aussi doux que les Hottentots, et qui mène une vie à la fois si paisible et si précaire, s'il n'y avait pas eu dans le ressentiment des Cafres une cause cachée, bien digne de toute leur vengeance ? Le Cafre lui-même n'est point un peuple méchant. Il vit, comme tous les autres sauvages de cette partie de l'Afrique, du simple produit de ses bestiaux, se nourrit de laitage, se couvre de la peau des bêtes ; il est, comme les autres, indolent par sa nature, plus guerrier par les circonstances ; mais ce n'est point une nation odieuse, et dont le nom soit fait pour inspirer la terreur. Je voulais donc m'instruire à fond des motifs et des commencements de ces guerres atroces qui troublent ainsi le repos des plus belles contrées de l'Afrique. Ces bonnes gens qui s'étaient livrés à moi avec tant de confiance, s'ouvrirent également sans réserve. Ils m'apprirent, en effet, que les vexations et la cruelle tyrannie des colons étaient l'unique cause de la guerre, et que le bon droit était du côté des Cafres ; ils m'apprirent que le bon droit était du côté des Cafres ; ils m'apprirent que les Bosismans, espèce de vagabonds déserteurs, qui ne tiennent à aucune nation, et ne vivent que de rapines, profitaient de ce moment de trouble pour piller indistinctement et Cafres, et Hottentots, et colons ; qu'il n'y avait que ces misérables qui eussent pu engager les Cafres à comprendre dans la proscription générale tous les Hottentots, qu'ils regardaient comme des espions attachés aux blancs.

Je fus instruit enfin, dans le plus grand détail, de tout ce qui s'était passé, des attaques, des combats qui s'étaient donnés, et dans lesquels, tout en faisant de grands ravages, les Cafres cependant avaient toujours eu le dessous ; ce qui ne me parut pas étonnant : la sagaie, leur arme la plus meurtrière, et qu'ils manient avec la plus grande adresse, ne saurait soutenir la comparaison avec nos armes à feu, employées par des chasseurs qui ne manquent jamais leur coup. Tout ce que j'apprenais m'inté ressait fort; la plus légère circonstance ne pouvait m'être indifférente : je me trouvais engagé, pour mon propre compte, dans les événements et les hasard de cette guerre, puisque j'étais actuellement, pour ainsi dire, sur le champ de bataille, et que je touchais au moment où, navré jusqu'au fond de l'âme du spectacle affligeant que j'avais incessamment devant les yeux, pénétré du plus ardent désir de rendre service à des infortunés que je n'avais jamais vus, que je ne reverrais jamais, mais dont le triste sort excitait ma compassion, j'allais traverser cinquante lieues de la Cafrerie, au risque de tout ce qui pourrait m'en arriver, pour rétablir à jamais le calme dans ces contrées malheureuses. Mais je ne fus secondé par personne; rien n'était capable de calmer la terreur de ceux qui marchaient à ma suite: cependant je couvrirai d'opprobre avec bien plus de justice les lâches colons que j'allai chercher deux jours après, pour l'indigne manière dont le chef osa colorer son refus de m'aider dans une expédition qui certes aurait réussi, et faisait le plus grand honneur à l'humanité.

Un nouveau malheur, arrivé depuis peu dans ces lieux funestes, m'enhardissait encore, et venait échauffer mon imagination. On me dit qu'il n'y avait pas six semaines qu'un navire anglais avait fait naufrage à la côte, que parvenue à terre, une partie de l'équipage était tombée entre les mains des Cafres, qui l'avaient exterminée, à l'exception de quelques femmes, qu'ils s'étaient cruellement réservées; que tous ceux qui avaient échappé vivaient errants sur le rivage, dans les forêts, où ils achevaient de périr misérablement. On comptait parmi ces infortunés plusieurs officiers français, prisonniers de guerre, qu'on renvoyait en Europe.

Combien je me sentis tourmenté par ces détails affligeants! D'après tous les renseignements que purent me donner ces nouveaux venus, je jugeai, en m'orientant, que, de l'endroit où j'étais, je ne devais pas avoir plus de cinquante lieues jusqu'au vaisseau. Je roulais mille projets dans ma tête, j'inventais mille moyens de secourir des infortunés dont la situation était si déplorable. Tout mon monde se révolta contre ma proposition : ni prières ni menaces ne firent effet sur leurs esprits. Le récit de cette aventure leur avait fait des impressions bien différentes! Une rumeur soudaine se répandit dans tout mon camp. Si, secondé par deux ou trois de mes braves, je n'en avais imposé, par mes gestes et ma contenance déterminée, à ces misérables, j'eusse infailliblement péri victime de leur sédition. Je fis trembler l'un d'eux en lui appuyant le pistolet sur le front; mais je ne pus rien gagner. La horde qui marchait à ma suite me dit, sans préambule, qu'elle était libre, et ne voyait point en moi son chef; qu'à l'instant elle allait rétrograder avec les quinze Hottentots récemment arrivés; mes propres gens me signifièrent d'un ton hardi, qu'ils n'étaient point d'humeur à se faire écharper par des milliers de Cafres; tous ensemble, avec des cris, me déclarèrent affirmativement qu'ils ne me suivraient pas, et qu'ils allaient plutôt sur-le-champ se remettre en route pour les colonies. Je tenais toujours ferme, et leur fis tête jusqu'à la fin. Mes représentations, les instances de mon Klaas, n'en ébranlèrent que deux, qui consentirent à se hasarder avec moi. Le vieux Swanepoëel en était un : mais que pouvions-nous faire à nous quatre ? Vainement je remontrai à ces sauvages de quelle ingratitude ils payaient la complaisance que j'avais eu de les laisser venir avec moi; qu'ils oubliaient bien vite les soins, les vivres et la protection que je leur avais accordés; vainement je leur dis que je les tenais tous pour des traîtres, des lâches, et mes ennemis plus odieux que les Cafres : je ne fis que redoubler leur crainte, et leur inspirer de la haine contre moi-même; l'épouvante s'était assise au milieu d'eux, je la lisais sur tous les fronts. Je pris le parti de me taire. La nuit s'avançait; après avoir recommandé la plus sévère garde, j'allai m'enfermer dans ma tente. On m'avertit, au point du jour, que ces étrangers délogeaient, entraînant leurs femmes, leurs enfants, leurs bestiaux, tous leurs effets après eux, je défendis qu'on leur dît un seul mot d'adieu, et moi-même, sans perdre de temps, je donnai l'ordre pour le départ, et me mis en route de mon côté. En quatre heures, nous traversâmes la montagne d'Agter-Bruntjes-Hogte; puis rafraîchis par un orage, qui semblait arriver à souhait, après quatre autres heures, nous campâmes pour passer la nuit. Nous vîmes toujours, chemin faisant, quelques habitations désertes, dont les propriétaires, sans doute, étaient du nombre des confédérés. Le sol, dans cet endroit, me parut généralement bon : les montagnes étaient couvertes de beaux et grands arbres; les plaines, parsemées de mimosa nilotica, regorgeaient de gazelles et de gnous. Ces derniers animaux, quoique très-bons à manger, sont cependant inférieurs aux autres gazelles.

IV.

Par tous les renseignements que j'avais pris des quinze Hottentots qui avaient soulevé la horde et me l'avaient enlevée, j'estimais que je ne devais pas être loin de l'endroit où tous les colons s'étaient rassemblés. Je me flattais sans cesse de trouver parmi eux quelques gens de bonne volonté, qui goûtant mes projets de pacification auprès des Cafres, et l'espoir de secourir de malheureux naufragés, s'y livreraient de bonne grâce, et s'empresseraient de me seconder. L'image de ces infortunés me suivait partout : quelle devait être l'affreuse situation des femmes, condamnées à traîner ainsi leurs jours dans les horreurs et tous les déchirements du désespoir !

Dès le lendemain, après trois heures d'une marche entreprise au point du jour, je découvris enfin l'habitation tant désiré. Du plus loin que ces gens m'aperçurent, je les vis tous s'assembler et se grouper devant la maison : leurs mouvements, leur déplacements, l'attention avec laquelle ils tournaient tous ensemble leurs regards vers moi, me faisaient assez comprendre qu'ils ne me voyaient pas sans alarmes, et que mon convoit surtout les inquiétait fortement. Je piquai des deux ; et, les abordant avec politesse, je me fis connaître et déclinai mon nom. J'affectai de ne marcher qu'avec l'autorité de la puissance hollandaise, à qui j'avais des comptes à rendre de mes découvertes. Cette fin de mon discours parut leur en imposer ; ils m'accueillirent alors avec les démonstrations de la plus grande joie, et témoignèrent combien ils étaient enchantés de me voir.

Ils m'avouèrent que ma barbe les avait intrigués (elle avait alors onze mois de crue) ; qu'ils n'avaient su non plus que penser de mes armes, de mes chariots, de mon grand cortége; qu'ils avaient souvent ouï parler de moi; qu'on leur avait conté cent catastrophes où j'avais failli perdre la vie; mais qu'on leur avait assuré, en dernier lieu, qu'un vaisseau que j'avais trouvé à l'ancre dans la baie de Blettemberg m'avait conduit à l'île Bourbon ; qu'ainsi ils n'avaient eu garde, en me voyant arriver, de croire que ce fût moi. Après avoir essuyé cent questions auxquelles on ne me donnait pas le temps de répondre, je leur déclarai les motifs qui m'avaient conduit vers eux, et la résolution que j'avais prise de pénétrer dans le fond de la Cafrerie. Je ne leur cachai pas combien j'étais surpris de ce que, jusqu'à ce moment, ils n'avaient point encore tenté de sauver les malheureux Européens dont ils n'ignoraient pas le sort; que j'espérais trouver parmi eux des hommes de bonne volonté qui se détacheraient pour venir ave moi vers la côte sur laquelle avait péri leur vaisseau; qu'il ne fallait pas douter que le gouvernement hollandais ne récompensât glorieusement les auteurs d'une si belle entreprise; et, pour les déterminer d'autant plus, je ne manquai pas d'ajouter que, parmi les effets du vaisseau qui étaient encore en partie sur la côte, chacun d'eux trouverait l'avantage de se procurer à peu de frais mille aisances pour le reste de ses jours.

Cette raison parut les ébranler un moment; mais

j'en augurai mal, quoiqu'ils s'empressassent de me répondre que, si les choses étaient telles que je les leur dépeignais, il n'y avait rien de si juste que d'aller au secours de ces malheureux, qui, dans le fond, étaient, disaient-ils, leurs frères, leurs semblables.

Le plus rusé comme le plus lâche de la troupe, ne prenant de mon discours que ce qui intéressait sa cupidité, ajouta, pour les autres, qu'il était trop probable que les Cafres avaient déjà dépouillé le vaisseau et en avaient enlevé ce qu'il y avait de meilleur; qu'on n'y trouverait peut-être plus rien, ou si peu de chose qu'on n'en rapporterait pas de quoi compenser les frais et les risques d'un pareil voyage; et qu'ils laisseraient, pendant leur absence, leurs femmes et leurs enfants exposés à être massacrés par les Cafres.

Je fis tous mes efforts pour combattre les raisonnements de cet homme, et lui dis assez de fois qu'il oubliait, sur toutes choses, les malheureux pour qui j'étais venu solliciter des secours; mais il avait entraîné ses camarades, et dès-lors aucun d'eux ne montra le moindre penchant à me seconder. N'ayant plus à compter sur des profits, il ne fallait plus compter sur leur assistance.

Mais, dans la crainte que leur exemple n'influât jusque sur les miens, parmi lesquels j'en trouvais quelques-uns qu'un peu d'obéissance et d'amitié attachait encore à ma personne, je m'éloignai sur-le-champ, et me remis en route.

J'avais remarqué qu'ils étaient renforcés par une troupe assez nombreuse de métis hottentots : cette première espèce est courageuse, entreprenante, tient plus du blanc que du Hottentot, qu'il regarde au-dessous de lui. Ils avaient toujours été les premiers à marcher contre les Cafres, et s'étaient signalés dans toutes les rencontres. Cela me fit naître l'idée de laisser en arrière trois de mes gens, avec ordre de se faufiler parmi eux, et de faire en sorte d'en engager quelques-uns à me suivre, surtout ceux qu connaissaient le pays et la langue des Cafres. Je les instruisis comme il faut avant de les laisser partir; et, voulant me rendre au-delà de la rivière *Klein-Vis*, je la leur assignai pour rendez-vous. Il fallut y coucher pour attendre le retour de mes gens, et des nouvelles du succès de leur négociation. J'avais vu quelques empreintes de lions; je me précautionnai contre les surprises de ces animaux autant que contre celles des Cafres. Je n'aurais pas eu beaucoup d'inquiétude sur le compte de ces derniers s'il m'eû été possible de trouver un moyen de leur faire savoir que je n'étais ni de la nation, ni de l'avis, ni du nombre de leurs persécuteurs ; mais ils pouvaient tomber à l'improviste sur mon camp, et y causer bien du dommage, avant que nous nous fussions expliqués. Cette considération m'engagea à choisir, pour cette fois, contre ma coutume ordinaire, une élévation dont la vue s'étendît un peu loin. J'y fis dresser ma tente, ranger mes chariots et toutes mes bêtes ; puis, à quelques pas de là, je fis construire quelques fausses huttes ; ensuite nous allâmes placer ma tente canonière à une portée de fusil de ce camp ; je la fis masquer avec des branches d'arbres, pour qu'elle ne fût point aperçue. C'était là que je comptais passer la nuit avec tous mes gens. Par cette manœuvre, je donnais le change à l'ennemi : s'il se fût, en effet, présenté, croyant me surprendre dans mon camp, il s'y serait à coup sûr jeté à corps perdu ; c'est alors que j'aurais eu le temps d'arriver sur lui, et de le surprendre à mon tour.

La nuit ne fut point tranquille. Nos chiens nous donnèrent beaucoup d'inquiétude, et nous ne dormîmes point.

A la pointe du jour, je vis arriver de loin mes trois Hottentots ; ils amenaient avec eux trois étrangers.

l'un, nommé *Hans*, fils d'un blanc et d'une Hottentote, avait presque toujours vécu parmi les Cafres; il en parlait facilement la langue. Quelques verres d'eau-de-vie d'Orléans, que j'avais en réserve, m'eurent bientôt gagné toute sa confiance, et je lui fis conter tout ce qu'il savait sur les affaires présentes. Ce qu'il m'apprit me confirma dans l'opinion que les Cafres, en général, sont pacifiques et tranquilles; mais il m'assura que, continuellement harcelés, volés et massacrés par les blancs, ils s'étaient vus forcés de prendre les armes pour leur défense; il me dit que les colons publiaient partout que cette nation était barbare et sanguinaire, afin de justifier les vols et les atrocités qu'ils commettaient journellement contre elle, et qu'ils tâchaient de faire passer pour représailles; que, sous prétexte qu'il leur avait été enlevé quelques bestiaux, ils avaient sans distinction d'âge et de sexe, exterminé des hordes entières de Cafres, dérobé tous leurs bœufs, ravagé leurs campagnes; que, cette méthode de se procurer des bestiaux leur paraissant plus abrégée que celle d'en élever eux-mêmes, ils en usaient avec tant d'indiscrétion que, depuis un an, ils en avaient partagé plus de vingt mille, et qu'ils avaient impitoyablement massacré tout ce qui s'était présenté pour les défendre. Hans m'assura avoir été témoin d'une anecdote que je place ici comme il me la raconta.

Une troupe de colons venait de détruire une bourgade de Cafres ; un jeune enfant d'environ douze ans s'était sauvé, et se tenait caché dans un trou ; il y fut malheureusement découvert par un homme du détachement des colons, qui, le voulant garder comme esclave, l'emmena au camp avec lui. Le commandant, qui le trouvait à son gré, déclara qu'il prétendait s'en emparer. Celui qui l'avait pris refusait obstinément de le rendre; on s'échauffa des deux côtés. Le commandant alors, outré de colère, et comme un forcené, courant à l'innocente victime, crie à l'adversaire : « Si je ne puis l'avoir, il ne sera pas non plus pour toi ». Au même instant, il lâche un coup de fusil dans la poitrine du jeune enfant, qui tombe mort.

Il me donna ensuite sur la Cafrerie tous les éclaircissements que je lui avais demandés : il m'apprit que le terrain sur lequel je me trouvais actuellement était de la domination d'un puissant seigneur qui faisait sa résidence à trente lieues de nous ; qu'il se nommait Faroo, et il me conseillait de pénétrer jusqu'à lui, m'assurant que je n'avais rien à craindre, aucun risque à courir; que ce prince et son malheureux peuple me verraient avec plaisir, dans l'espérance que, de retour au Cap, le récit que je pourrais faire de leurs mœurs et de leur caractère effacerait les mauvaises impressions que donnaient d'eux les colons, qui ne pouvaient les souffrir.

Au premier coup d'œil, ce raisonnement était précieux, séduisant ; je sentais vivement tous les avantages que je pouvais tirer de l'exécution d'un semblable projet : j'etais entraîné... Mais, d'un autre côté, si, par trop d'imprudence ou de confiance, j'allais perdre en un moment tout le fruit de mon voyage, s'il arrivait que je fusse massacré, cette démarche pouvait passer pour le comble de la déraison et de l'extravagance. Je connaissais l'humeur vive et remuante de ces hommes blancs et des Hottentots ; je voyais pour la première fois celui-ci, de quoi pouvait-il être capable? Je l'ignorais : l'appat d'un verre d'eau-de-vie venait d'en faire un traître. Il était ami des Cafres, il avait passé une partie de ses jours avec eux ; il sortait alors d'une retraite suspecte à mes regards, et n'était là peut-être que pour observer les mouvements des colons, et les trahir eux-mêmes : n'était-il pas possible qu'il eût aussi l'intention de me sacrifier, afin de partager mes dépouilles avec les Cafres, et de se faire auprès d'eux un mérite de m'avoir fait tomber dans le piége ?

Après avoir pesé long-temps sur ces réflexions, agité par mille idées contraires, j'imaginai de faire une députation au roi Faroo, et, sur la première ouverture que j'en fis à Hans, il accepta la commission sans balancer. Quoique cette conduite me parût d'un assez bon augure, j'étais bien résolu cependant de prendre mes sûretés. Ce jeune métis me promit d'engager deux ou trois de ses amis à faire le voyage avec lui. Je lui donnai deux de mes plus fidèles Hottentots, Adams et Slanger; ils devaient rendre compte à ce roi de tout ce que j'avais fais depuis onze mois, que j'avais quitté le Cap, afin qu'il fût en état de juger que la curiosité seule me conduisait dans ses États. Je chargeai mes messagers de lui dire que, né dans un autre monde, étranger surtout dans les lieux où je me trouvais actuellement, je n'étais, en aucune façon, ni l'ami ni le complice des colons qui lui faisaient la guerre ; que je ne vivais pas même avec eux ; que je désapprouvais hautement leur conduite ; qu'en un mot, il pouvait être assuré qu'aussi long-temps que je resterais dans son pays, il n'aurait nul sujet de s'inquiéter de mes mouvements et de mes démarches.

Après avoir ainsi endoctriné mes députés, je leur remis quelques présents pour le prince, et les congédiai. Ils me promirent de se rendre bientôt à Koks-Kraal, où je devais les attendre ; chacun d'eux fit ses provisions : ils partirent.

Je me mis moi-même en route dans la matinée. Après trois heures de marche, nous trouvâmes les bords du Groot Vis-River. La chaleur était excessive; la terre, de tous côtés couverte de gros cailloux roulés, rendait le chemin fort pénible pour les bœufs ; nous côtoyons toujours les bords de la rivière. A trois cents pas de son cours, la fatigue nous força de nous arrêter ; il n'était encore que quatre heures du soir. Tandis qu'on faisait les préparatifs ordinaires pour se procurer une nuit tranquille, je regagnai, en me promenant, le rivage. Non loin de là, j'aperçus les restes d'un kraal de Cafres, je fus curieux de l'aller visiter : j'y vis quelques cabanes assez bien conservées, les autres étaient entièrement détruites ; mais un spectacle plus triste frappa mes regards : je reconnus des ossements humains ; leur vétusté me fit croire qu'ils provenaient des malheureux dont les colons avaient fait leurs premières victimes, et que cette expédition datait des commencements de cette injuste guerre.

Le jour suivant, nous fûmes visités, pendant la nuit, par des lions, des hyènes et des chacals, ils nous tinrent sur le qui-vive jusqu'à deux heures du matin.

J'avais envoyé, la veille, un Hottentot reconnaître Loks-Kraal : c'était le rendez-vous où j'étais convenu d'attendre mes députés. Il n'y avait que trois jours qu'ils étaient partis : je ne devais pas espérer de les revoir de sitôt : cette nouvelle retraite pouvait donc m'offrir un nouveau plan de vie, et c'est là que j'allais fonder pour quelque temps mon petit empire ; je jugeai que nous camperions commodément dans Koks-Kraal, et le premier aspect de ce beau lieu ne trompa point mon attente.

J'avais ordonné de dresser ma grande tente ; je la fis entourer de cabanes postiches, pour donner le change à l'ennemi, comme on l'avait essayé au Klein-Vis-Rivier. A l'extrémité opposée à ma tente et dans un de ses angles, nous pratiquâmes une séparation pour mes chevaux, une autre pour mes moutons et et mes chèvres ; près de là je plaçai ma petite tente, et je me proposai d'y coucher. Nous exhaussâmes tellement tout l'entourage du parc, avec des arbres épineux, qu'il était impossible qu'aucun animal féroce pût le franchir ; par ce moyen mes troupeaux se trouvaient en sûreté dans ce carré d'environ quarante pas, suffisamment libre et commode. Cette espèce de fort pouvait même, au besoin, servir de retraite pour moi et les miens, et de là nous eussions bravé deux mille Cafres.

Ces arrangements satisfirent tous mes compagnons, encore plus inquiets que leur chef, et je les vis peu à peu reprendre leur gaîté naturelle. Nous ne négligions pas pour cela les accessoires d'usage : aux approches de la nuit, à cinquante pas de chacune des faces du parc, nous faisions de grands feux pour écarter les lions et les hyènes ; nous en allumions d'autres encore auprès de nous, afin d'augmenter nos sûretés. Toutes ces dispositions réussirent à merveille ; je repris mes occupations ordinaires, et ne respirai plus que pour la chasse. Ce jour-là, n'étant point disposé à sortir, je m'occupai à faire la revue des oiseaux de ma collection nouvellement préparés ; j'en avais suffisamment pour en remplir une caisse ; je la fis avec soin et la calfeutrai, selon ma coutume, pour empêcher les insectes d'y pénétrer. Le nombre, tant de ceux que je possédais actuellement que des envois précédents que j'avais fais du pays d'Auteniquoi, dépassait déjà sept cents pièces.

Le 14, la pluie tomba toute la nuit avec une telle abondance qu'elle éteignit nos feux sans qu'il fût possible de les rallumer. Nos chiens faisaient un vacarme affreux, qui nous tint tous éveillés; cependant nous ne vîmes aucun animal féroce. J'ai observé que, dans ces nuits pluvieuses, le lion, le tigre et l'hyène ne se font jamais entendre: c'est alors que le danger redouble; car, comme ces animaux ne cessent pas pour cela de rôder, ils tombent sur leur proie sans s'être annoncés et sans qu'on ait le temps de les prévenir.

Il faut convenir que les nuits orageuses des déserts d'Afrique sont l'image de la désolation, et qu'on se sent involontairement frappé de terreur. Quand ces déluges vous surprennent, ils ont bientôt traversé, inondé une tente et des nattes; une suite continuelle d'éclairs fait éprouver vingt fois dans une minute le passage subit et précipité d'un jour effrayant à l'obscurité la plus profonde; les coups assourdissants du tonnerre, qui éclatent de toutes parts avec un fracas horrible, s'entrechoquent, se multiplient, renvoyés de montagnes en montagnes; le hurlement des animaux domestiques, quelques intervalles d'un silence affreux, tout concourt à rendre ces moments plus lugubres. Le danger des attaques de la part des bêtes féroces ajoute encore à la terreur commune; il n'y a que le jour pour diminuer l'effroi, et rendre le calme à la nature.

Les 15, 16 et 17, nous passâmes les nuits à faire le coup de fusil pour écarter les lions et la troupe vorace des hyènes ; le 18, je ne m'endormis que fort tard. A mon réveil, quelle fut ma surprise de me voir entouré, au milieu de mon camp, d'une vingtaine de sauvages gonaquois !

Le chef s'approcha pour me faire son compliment ; les femmes, dans toute leur parure, marchaient derrière lui ; elles étaient luisantes et fraîchement boughouées, c'est-à-dire qu'après s'être frottées avec de la graisse, elles s'étaient saupoudrés d'une poussière rouge qu'elles font avec une racine nommée dans le pays boughou, et qui porte une odeur assez agréable. Elles avaient toutes le visage peint de différentes manières ; chacune d'elles me fit un petit présent : l'une me donna des œufs d'autruche ; une autre, un jeune agneau ; d'autres m'offrirent une abondante provision de lait.

Ce chef se nommait *Haabas*. Il me fit présent d'une poignée de plumes d'autruche du choix le plus rare. Pour lui montrer le cas que je faisais de son présent, je détachai sur-le-champ le panache de de la même espèce que je portais à mon chapeau, et je mis le sien à la place. Je remarquai dans les traits du bon vieillard toute la satisfaction qu'il en ressentait; il me témoigna, par ses gestes et ses paroles, combien il était enchanté de mon action.

Mon tour vint de prouver à ce chef ma reconnaissance : je commençai par lui faire donner quelques livres de tabac. J'allais me procurer, à peu de frais, une scène délicieuse, et faire plus d'un heureux. D'un simple signe, Haabas fit approcher tout son monde; dans un clin-d'œil, ils formèrent un cercle, et s'accroupirent comme des singes ; tout le tabac fut distribué, et je remarquai, avec beaucoup de plaisir, que la portion que s'était réservée Haabas égalait tout au plus celle des autres. Je me sentis touché de cette bonhomie et de l'esprit d'équité que je voyais briller en lui d'une façon si naïve et si simple au milieu de ces offrandes réciproques, et des sentiments affectueux qu'elles nous inspiraient mutuellement. Je remarquai une jeune fille de seize ans confondue dans la foule; elle montrait moins d'empressement à partager les joyaux que je distribuais à ses compagnes que de curiosité pour ma personne; elle m'examinait avec une attention si marquée que je m'approchai d'elle pour lui donner tout le temps de me considérer à son aise; elle avait la figure charmante et les plus fraîches et les plus belles dents du monde.

Je venais de lui donner une ceinture, un collier, des bracelets; je détachai de mon cou un mouchoir rouge, dont elle s'enveloppa la tête. Elle employa également les autres objets que je lui avais donnés. Quand sa toilette fut achevée, elle me demanda quelques bijoux pour sa sœur, qui était restée à la horde; elle me montra du doigt sa mère et m'apprit qu'elle n'avait plus de père. Je la fatiguais de questions, tant je trouvais de charmes dans ses réponses; je lui demandai de rester avec nous, et lui fis toutes sortes de promesses. Loin de se laisser tenter, elle rejeta bien loin toutes mes propositions. A la fermeté de son refus, je jugeai qu'un monarque n'eût pas vaincu sa résistance et le chagrin que lui eût causé la seule idée d'abandonner sa horde et sa famille.

J'avais fait tuer un mouton et cuire une partie d'un hippopotame pour régaler nos hôtes; aussi toute cette journée se passa en fêtes, en folies. Mes gens distribuèrent leurs rations d'eau-de-vie, indépendamment de celles que je leur avais fait donner. Je vis avec plaisir que Narina (c'est le nom que j'avais donné à la jeune Gonaquoise) n'en pouvait boire. Cette sobriété redoubla l'intérêt qu'elle m'avait inspiré.

Haabas m'engaga fortement à lever mon camp pour le placer près de sa horde ; je lui promis d'aller le voir sous peu de jours. Comme il se disposait à partir, je le fis dîner avec tout son monde, et lui donnai en particulier une petite provision de tabac; ce qui lui fit grand plaisir. Narina me promit de m'apporter du lait, et de m'amener bientôt sa sœur; enfin, très-satisfaits les uns des autres, après mille adieux répétés, ces bonnes gens me quittèrent ; je les fis accompagner par un des miens, que je chargeai de reconnaître la route, et de me faire quelques échanges pour des moutons.

V.

Il était nuit lorsque le Hottentot que j'avais envoyé avec Haabas arriva de sa horde. Il était accompagné de deux nouveaux Gonaquois, qui m'amenaient un bœuf gras, que leur chef me priait d'accepter. Narina, en me faisant souvenir de mes promesses, m'envoyait une corbeille de lait de chèvre : elle savait que je l'aimais beaucoup. Sa sœur avait vu les présents qu'elle avait rapportés, et regrettait de n'être pas venue avec elle visiter mon camp ; elle me faisait remercier de ceux que je lui avais envoyés par sa mère.

Pour amuser Amiroo et son camarade, j'employai le reste du jour à dépouiller mes oiseaux ; je les retins pour la nuit, en leur annonçant que, le jour suivant, ils me conduiraient eux-mêmes à leur horde. Cette nouvelle fut le signal d'une joie très-vive. La soirée se passa gaîment ; nous prîmes, à l'ordinaire, le thé à la crême devant un bon feu. J'avais fait tuer un des moutons que m'avait envoyés Haabas ; le souper fut charmant, on dansa, et ce plaisir se prolongea une bonne partie de la nuit.

Lorsque l'heure du sommeil fut venue, je prévins tout mon monde sur le voyage du lendemain, et je recommandai à Klaas que mes chevaux fussent prêts à la pointe du jour.

A mon réveil, le camarade d'Amiroo était parti pour prévenir Haabas de la visite que j'allais lui rendre dans le jour même.

Quelle que soit l'immensité des déserts de l'Afrique, il ne faut pas calculer sa population par celle de ces essaims innombrables de noirs qui fourmillent à l'ouest et qui bordent presque toutes les côtes de l'Océan, depuis les îles Canaries jusqu'au cap de Bonne-Espérance.

Le désert est strictement le désert : ce n'est qu'à des distances éloignées qu'on y rencontre quelques peuplades toujours peu nombreuses, vivant des doux fruits de la terre, ou du produit de leurs bestiaux. Avant d'arriver d'une horde à l'autre, il faut faire une longue marche, sous un soleil brûlant, à travers des sables arides, parmi des terres stériles et sans eau, des montagnes décrépites et graniteuses, et toujours euvironnées d'animaux féroces.

Du reste les familles sont peu nombreuses dans ces contrées, et il est sans exemple qu'un père ait compté six enfants.

Aussi le pays des Gonaquois, où je m'étais enfoncé, ne rassemblait pas trois mille têtes, sur une étendue de trente ou quarante lieues, et la horde de Haabas, qui montait seule au plus à quatre cents personnes, de tout âge, de tout sexe, passait pour l'une des plus considérables de la nation

Tout étant prêt pour le départ, je dépêchai deux de mes chasseurs avec leurs fusils, pour prévenir la horde de mon arrivée.

Nous cotoyâmes d'abord la rivière en la remontant pendant près d'une heure ; après quoi, nous la faisant quitter, Amiroo nous conduisit entre deux hautes montagnes, dans une gorge étroite dont la longueur et les sinuosités n'avaient guère moins de deux lieues. Au bout de ce défilé, me montrant du doigt une petite éminence sur laquelle j'apercevais un kraal, notre guide m'avertit que c'était celui de Haabas ; nous n'en étions qu'à dix portées de fusil. Le chemin avait été plus long que je ne l'avais compté : nous avions employé trois grandes heures à cette marche.

A notre approche, je voyais tout le monde sortir des huttes, et se rassembler en peloton ; mais, à mesure que j'avançais, les femmes, les filles et les enfants disparaissaient, et chacun rentrait chez soi ; les hommes, restés seuls, ayant leur chef à leur tête, vinrent à ma rencontre. Mettant alors pied à terre : « Tabé, tabé, Haabas, » dis-je au bon vieillard en prenant sa main, que je pressai dans la mienne. Il répondit à mon salut avec toute l'effusion d'un cœur reconnaissant et touché de cette marque d'honneur, dont il était le principal objet.

Chrcun en particulier m'examinait avec la plus grande attention ; jusqu'aux moindres détails de ma toilette, tout frappait leurs regards.

J'avais quitté mon cheval à l'ombre d'un gros arbre, sous lequel on était venu me complimenter : je n'y restai que quelques minutes pour me rafraîchir. Je me faisais une fête de contempler cette horde intéressante, et je m'y rendis escorté de toute la troupe.

A mesure que je passais devant chacune des huttes, qui, comme celles des Hottentots, n'ont qu'une ouverture fort basse, la maîtresse du logis, qui s'était d'abord montrée pour me voir venir de loin, se retirait aussitôt ; de telle sorte qu'obligé de me baisser à tous moments pour examiner l'intérieur, c'était pour moi un spectacle très-curieux que ces visages bruns, immobiles et collés, pour ainsi dire, à la hutte, n'offrant partout que des portraits à la silouette.

Cependant elles s'apprivoisèrent peu à peu, et je me vis à la fin entouré. On me présenta du lait de tous les côtés. Narina n'était point encore du nombre des curieuses. Je demandai de ses nouvelles, on courut pour la chercher : elle arrivait portant une corbeille de lait de chèvre tout chaud, qu'elle vint m'offrir avec empressement. J'en bus de préférence, autant à cause des grâces naturelles qu'elle mit dans ce présent que de la propreté qu'elle avait eu l'attention de donner à son vase, et que n'avaient point, à beaucoup près, ceux des autres.

Arrivé chez Haabas, il me montra sa femme ; elle n'avait rien qui la distinguât des autres.

Je lui montrai toute ma pacotille de verroterie, la priant de choisir ce qui lui plaisait davantage ; elle se jeta sans balancer sur des colliers blancs et rouges, les autres couleurs n'étant pas de son goût.

Ces présents n'étaient point regardés sans envie par les autres femmes : elles levaient les mains avec extase, et déclaraient que l'épouse d'Haabas était la plus heureuse des femmes et la plus brillante en bijoux qu'on eût jamais vue dans la nation gonaquoise.

Je fis ensuite la distribution du reste de la verroterie que j'avais apportée à toutes les autres femmes ; je donnai aux hommes des briquets, des couteaux et du tabac. Mon intention était, en venant visiter cette horde, que toutes les familles se sentissent de mes largesses.

Haabas me pria, de la part de plusieurs vieillards impotents qui ne pouvaient sortir de leurs loges, de le suivre et de les aller visiter ; je me prêtai sans peine à son désir ; nous entrâmes dans leurs huttes. Ils étaient tous gardés par des enfants de huit à dix ans, chargés de leur donner leur nourriture et tous les soins qu'exige la caducité, et jamais je ne vis une mission aussi sublime exercée avec plus de zèle et d'intérêt. Ces jeunes sauvages semblaient souffrir des douleurs de leurs vieux pères ; ils n'omettaient aucun des soins qu'ils jugeaient devoir les soulager : aussi, transporté d'admiration à la vue de cet intéressant spectacle, je m'écriai en levant les yeux vers le ciel : O puissant maître de l'univers, s'il est des êtres assez ingrats pour douter de la souveraineté de ta justice, qu'ils contemplent avec moi le tableau filial de ces enfants de la nature, et bientôt ils seront forcés de reconnaître qu'il n'est pas un seul point de la terre qui n'atteste ta présence et l'empire de tes vertus sur le cœur de tous les hommes.

De retour à la maison de Haabas, sa femme me présenta du lait pour me rafraîchir, on avait fait tuer un mouton pour moi et mes gens, qui se divertirent comme s'il se fût agi d'une noce.

Le dîner fini, il ne me resta que le temps nécessaire pour me rendre chez moi avant la nuit; ainsi, prenant congé de mes bons voisins, après une kyrielle de tabé, je remontai à cheval. Presque toute la horde me suivait; mais, de plus en plus pressé par le temps, je piquai des deux, et, en moins d'une heure, Klaas et moi nous fûmes rendus au gîte. Le reste de mon monde arriva beaucoup plus tard; une vingtaine de Gonaquois, autant hommes que femmes, que la curiosité attachait à leurs pas, les accompagnaient. Dans tout autre temps, cette visite aurait pu me déplaire; mais, pour le moment, j'avais beaucoup trop de provisions, et vingt bouches de plus ne me dérangeaient en aucune façon.

Un des moyens de conserver sur les sauvages la supériorité que s'arroge de plein droit le présomptueux Européen n'est pas, comme on pourrait le croire, de les intimider et de répandre partout la menace et l'effroi. Ce système imbécile ne fut imaginé que par un fou téméraire, ou par un lâche à la tête d'une troupe nombreuse et qui profita de sa force pour imposer des lois impérieuses et dures. L'exemple récent qu'en offrent nos voyages est une preuve frappante que ce n'est point à coups redoublés de tonnerre, et le sabre à la main, qu'on apprivoise les hommes : la fin tragique d'un de ces navigateurs audacieux doit à jamais servir d'exemple à quiconque oserait embrasser ces funestes maximes.

Les danses et la joie continuèrent encore le lendemain ; mais, le jour suivant, la curiosité amena en détail toute la horde dans mon camp.

Ce ne fut que l'après-midi du second jour que cessa la procession, et que ces braves Gonaquois prirent congé de mon camp, pour retourner à leur horde.

J'avoue que ces visites un peu longues, un peu nombreuses et trop multipliées, commençaient à me déplaire : je craignais avec raison qu'il n'en résultât du désordre autour de moi, et que mon monde ne prît goût à ces dissipations. Chacun déjà se relâchait de sa besogne; la chasse les intéressait beaucoup moins; la danse occupait tous leurs moments. Les gens chargés de la conduite et de la garde de mes bestiaux s'y prêtaient à regret, et les laissaient se disperser çà et là ; d'autres s'étaient absentés la nuit et n'avaient reparu qu'au jour pour se reposer. Je crus qu'il était de ma politique de fermer les yeux sur ces petits abus, et de ramener insensiblement tout ce monde au devoir. Les chaleurs commençaient à devenir insupportables; le soleil, après avoir repassé l'équateur, plongeait à pic sur nous, et nous brûlait au point qu'il eût été très-dangereux de s'exposer au jour dans le fort de son ardeur; ma tente même se changeait dans ces moments en une étuve que j'étais obligé de déserter. Que de motifs puissants pour m'engager à changer d'emplacement, et à transporter mes pénates dans un local mieux ombragé, sous quelque bocage épais! mais on se rappelle le rendez-vous convenu avec mes envoyés chez les Cafres. Il se pouvait qu'à leur retour, ne me trouvant point au Koks-Kraal, ils imaginassent, ou qu'il m'était arrivé quelque malheur imprévu, ou que, fatigué de les attendre, j'avais pris le parti de décamper et de continuer ma route.. Cette diversion les eût jetés dans le plus grand embarras ; de mon côté, je m'intéressais trop au sort des deux miens pour les abandonner, et n'aurais pas voulu, pour tous les oiseaux de l'Afrique, avoir à me reprocher une aussi lâche action. Je me déterminai donc à rester jusqu'à leur arrivée, qui nécessairement ne devait pas tarder ; mais je me promis bien de rendre tous mes gens à nos exercices, et j'en donnai le premier l'exemple.

Je ne manquai plus, selon mon ancienne coutume, de consacrer une partie de mes soirées à la rédaction de mon journal, et ce travail me permit d'attendre avec plus de patience le retour de mes envoyés.

VI.

Trois semaines cependant s'étaient écoulées depuis leur départ, et je me perdais en réflexions sur les causes qui pouvaient prolonger leur absence ; je concentrais en moi-même toutes mes inquiétudes, ne voulant pas en donner à ceux qui m'entouraient : c'eût été leur fournir des armes contre mes projets. On ne voyait pas sans chagrin ma résolution déterminée de pénétrer plus avant dans la Cafrerie. Je surprenais quelquefois mes gens s'entretenant sur cet article, et murmurant plus ou moins contre leur maître ; cependant ils m'étaient, dans le fond, tou-

5.

jours attachés, et, dans leurs discours, j'étais le principal objet de leurs agitations et de leurs craintes. Ils ne balançaient point à me regarder comme un téméraire, qui, se souciant apparemment fort peu de la vie, voulait obstinément leur faire partager le plus triste sort en les conduisant à la boucherie. Je devais trop pressentir qu'ils étaient tous d'accord pour me quitter si je persistais dans mes résolutions; je ne les jugeais embarrassés que dans la manière dont ils exécuteraient ce complot; et, sur vingt-cinq de ces conjectures, j'avais découvert qu'il n'y avait pas deux avis semblables. Ceux que j'avais attachés à mon service durant la route ne voyaient point à ce départ furtif de grandes difficultés; mais ceux que j'avais engagés au pays d'Auteniquoi, et plus encore au Cap, sous les aupices du fiscal, étaient dans le doute de savoir s'ils retourneraient ou ne retourneraient point à la ville; en un mot, ils ne pouvaient s'accorder ni prendre aucun parti.

Cependant ils m'accusaient d'avoir sacrifié mes envoyés. A la vérité, ce retard me paraissait extraordinaire. D'après ce qui m'avait été dit par Hans, il ne leur avait fallu que trois ou quatre jours tout au plus pour se rendre chez le roi Faroo; en supposant un pareil nombre pour y rester, et autant pour revenir, je trouvais, par un calcul simple, qu'ils avaient employé plus que le double du temps nécessaire à ce voyage : il fallait donc que quelque accident les eût retardés, ou qu'en effet les soupçons des Cafres eussent été funestes à ces malheureux. Je ne perdais pas encore toute espérance de les revoir; j'allais, flottant dans une mer d'incertitudes, et ne savais à quelle idée m'arrêter, ni quels ordres donner au reste de ma troupe pour mettre fin à leurs débats, ainsi qu'à leur inquiétude. Mon brave Klaas était d'avis d'attendre encore, et de laisser partir ceux des rebelles qui montraient le plus d'impatience et d'humeur.

Quoi qu'il en soit, j'affectais un air tranquille, et continuais de chasser, comme d'ordinaire; mais une pente secrète me conduisait machinalement du côté par où j'espérais de voir venir mes députés. Le soir, désolé de n'avoir rien vu paraître, je regagnais mon gîte pour recommencer le lendemain la même promenade inutile et fort triste. C'est ainsi que l'imagination nous buse; mais que l'on est heureux d'être soutenu par ce sentiment pur et religieux qui seul peut nous aider à vaincre tous les malheurs ! Au milieu des dangers que j'ai courus, je l'ai vingt fois éprouvé, lorsqu'on élève son âme vers le ciel, les peines de la terre s'effacent, une force surnaturelle nous pénètre : on dirait qu'une main invisible nous soutient, et qu'avec elle non-seulement il y aurait faiblesse à se laisser aller à la crainte, mais, plus encore, injustice à ne pas tout en espérer.

Enfin Klaas, un soir, vint s'enfermer avec moi dans ma tente, et mettre le comble à mes chagrins, en me témoignant qu'il perdait tout espoir, et qu'infailliblement Hans et ses camarades étaient assassinés ; que les fusils, les munitions et les armes dont ils étaient chargés avaient tenté les Cafres ; qu'il n'en fallait pas davantage pour que cette nation, actuellement en guerre, et manquant de toute espèce de défense, et surtout de fer, se fût sur-le-champ déterminée à commettre ces meurtres, pour se procurer les dépouilles de ces malheureux ; qu'il me conseillait de ne pas laisser plus long-temps le reste de ma troupe, puisque, sans leurs secours, nous nous verrions hors d'état d'avancer ni de revenir.

Je ne sentis que trop toute la force de ce raisonnement dicté par le plus vif intérêt pour ma personne et la sûreté de mes effets, que j'aurais été contrain de laisser à l'abandon, faute de bras et de secours. J'allais peut-être me laisser entraîner, et renoncer à mon engagement sacré de ne point quitter Loks-Kraal, l'unique rendez-vous où ces généreux envoyés pussent rejoindre leur maître, lorsque nous vîmes de loin un des quatre gardiens qui surveillaient mes bestiaux accourir à mon camp, effrayé et hors d'haleine. Il m'apprit qu'on venait d'apercevoir, de l'autre côté de la rivière, une troupe considérable de Cafres qui se disposaient à la traverser. Cette nouvelle effraya d'abord tout mon monde. La consternation se lisait sur toutes les figures; moi seul, toujours bercé de l'espoir chimérique de revoir mes gens, tournai ma première pensée vers eux; mais ce grand nombre qu'on venait de m'annoncer ne cadrait guère avec ces présomptions flatteuses, et détruisait toute illusion. Je dépêchai d'abord quatre fusiliers sous les ordres de Klaas, pour aller chercher et faire rentrer tous mes bœufs dans le camp; je leur recommandai d'examiner, après cela, sans se découvrir, ces étrangers, qui, s'ils étaient en aussi grand nombre qu'on voulait me le persuader, devaient, en effet, me devenir suspects; de les épier, et de juger, par leurs démarches, quelle pouvait être leur intention; j'avais, en outre, expressément recommandé à Klaas, dans le cas où il reconnaîtrait mes envoyés, de me le faire aussitôt entendre par une décharge de ses fusiliers; mais, au contraire, de ne pas montrer si la troupe était de Cafres, de se mettre en embuscade, et de me dépêcher un de ses gens. Comme il partait, arriva le troupeau que ramenaient précipitamment au logis les trois autres gardiens, qui, comme leurs caramarades, avaient pris l'épouvante.

De mon côté, je passai en revue toutes nos armes, et les fis charger. Mon intention n'était pas de commencer moi-même les premiers actes d'hostilité; mais, déterminé à attendre l'ennemi de pied ferme, je l'étais encore à le repousser de tout mon pouvoir, et je devais m'y préparer.

J'avoue que je n'étais pas tranquille; non que je craignisse l'événement d'un combat (mes armes me donnaient trop de confiance dans ma supériorité), mais j'eusse été désespéré de me voir contraint à en venir aux mains avant de m'être expliqué. Par-là je ruinais toutes mes espérances; les intentions pacifiques que j'avais annoncées, et qui pouvaient seules me mériter la faveur de parcourir en liberté toute la Cafrerie, se trouvant démenties par ces actes hostiles, je rentrais dans la classe des colons, ces vils assassins des sauvages, et n'allais plus être regardé que comme un ennemi de plus, dont il fallait exterminer toute la caravane.

Tout en faisant mes préparatifs, une foule de réflexions contraires s'entre-choquaient dans mon esprit; j'en fus tout d'un coup distrait par une décharge qui fut pour tout mon camp un signal de joie : d'après la consigne que j'avais donnée à Klaas, il n'était pas douteux qu'il n'eût reconnu mes gens. Cependant un reste de frayeur inquiétait encore mon monde, et j'eus toutes les peines imaginables à les rassurer entièrement; les trois gardiens de mes troupeaux surtout affirmaient que, dans la troupe des Cafres, ils n'avaient pas aperçu un seul Hottentot: c'est ainsi que, passant tout-à-coup de l'espoir à la crainte, ils répandaient à présent que les coups de fusil qu'on venait d'entendre n'annonçaient que trop une action, et que Klaas était aux prises avec l'ennemi.

Mais, à deux ou trois cents pas de nous, au détour d'une petite colline, je vis déboucher Klaas lui-même; il était seul. Je distinguai facilement, à l'aide de ma lunette, et son maintien tranquille, et jusqu'au traits de son visage; il ne paraissait avoir rien d'effrayant à nous annoncer : j'en fus convaincu lorsque j'eus aperçu, quelques minutes après, toute la troupe qui défilant par le même chemin, s'avançait paisiblement et en bon ordre vers notre camp. Mes Hottentots, mêlés parmi les Cafres, annonçaient la bonne intelligence; je reconnus Hans; ils approchaient de plus en plus. Je fis mettre bas les armes, et recommandai à tout mon monde de montrer un front calme et serein.

Combien j'étais impatient de recevoir ces députés, et d'apprendre de leurs propres bouches ce que je pouvais oser sans péril pour eux et pour moi ! Cependant je ne voulus point aller à leur rencontre, ni quitter mon petit arsenal, que je n'eusse entendu ces voyageurs. Lorsque les Cafres se virent à portée de la sagaie, ils s'arrêtèrent tous ; et Hans, se détachant de la troupe, vint droit à moi. Il m'apprit en quatre mots que j'étais libre de voyager dans la Gafrerie ; que je n'avais aucun risque à courir ; que j'y serais respecté comme un ami ; que la nation qu'il quittait ne pouvait trop m'inviter à ne pas différer plus longtemps, et qu'elle me verrait avec plaisir ; que je pouvais juger de l'intention générale par la confiance qu'ils me témoignaient eux-mêmes, et la liberté qu'avaient prise plusieurs d'entre eux de venir me visiter ; qu'ils m'offraient toute leur amitié et me demandaient la mienne ; qu'en un mot, ils s'étaient mis en route dans l'assurance qu'on leur avait donnée que je les recevrais bien.

Quant au retard qui nous avait causé tant d'alarmes, Hans m'apprenait qu'arrivé chez les Cafres, il n'avait pu rencontrer le roi Faroo, qui s'était retiré à trente lieues plus loin de l'endroit de sa résidence; qu'après s'être arrêté quelque temps dans l'espérance de le voir revenir, et chagrin de ne pas remplir plus heureusement sa mission, il avait résolu de l'aller joindre; mais qu'il avait appris d'une nouvelle horde que ce chef était encore reparti, et qu'on ignorait la route qu'il prendrait, et le temps de son absence: les uns le croyaient vers les colonies, les autres chez les *Tambouchis*, nation limitrophe de la Cafrerie, où l'on trouvait à négocier du fer et des armes. Il ajoutait enfin que, dans l'impossibilité de remplir mes ordres, et ne sachant quel parti prendre, il avait préféré revenir vers moi, et me ramener mes deux Hottentots; mais que, sur le récit avantageux qu'il avait fait aux Cafres de mon caractère et de mes dispositions pacifiques, plusieurs s'étaient offerts d'eux-mêmes à l'accompagner et à venir, à leur tour, en députation chez moi, pour m'assurer de la bienveillance générale du pays, qui, bien convaincu que je ne pouvais pas être un colon, me recevrait comme un ami, et même comme un protecteur.

Sans de plus longs discours et de questions ultérieures, qui n'étaient point encore de saison, je permis qu'on fît avancer ces Cafres. Hans leur fit un signe de la main, et, dans un moment, je fus entouré. Ils étaient, non compris mes envoyés, dix-neuf hommes, cinq femmes et deux jeunes enfants ; ils me saluèrent, l'un après l'autre, par le tabé, que je connaissais aussi bien qu'eux, et qui fut toute ma réponse à leurs compliments. Je comprenais mal leur langage ; ils n'employaient point dans leur prononciation le clappement usité chez les Hottentots : c'était, dans leur manière de saluer, la seule différence avec les Gonaquois qui fût sensible ; mais ils me parlaient tous ensemble, et mettaient dans leurs discours une précipitation, une volubilité qui me emblait d'autant plus étrange que, depuis près d'un an, je m'étais fait une habitude de la lenteur en tout genre de mes inactifs Hottentots. Je ne pouvais concevoir à quelle cause imputer ce bourdonnement confus qui bruissait à mes oreilles, et m'impatientais de n'en pouvoir démêler aucun son distinct.

Je ne devinais rien de tout ce que se disaient entre

eux ces Cafres; mais je remarquais qu'ils étaient fort occupés, soit de mon camp, soit de ma personne, soit de mon monde, et de leurs divers mouvements. Leurs yeux se reportaient rapidement d'un objet à un autre; tout imprimait la surprise autour d'eux. J'ai lu quelque part que l'étonnement suppose l'ignorance; mais l'ignorance ne prouve pas l'incapacité. Cette réflexion convient aux Cafres; car on ne peut assurément les accuser d'ineptie, et il y a d'eux aux Hottentots, pour l'adresse et l'industrie, une distance prodigieuse. Hans leur avait beaucoup vanté mes fusils, et mes pistolets à deux coups; sur son récit, ils étaient disposés à regarder mes armes comme des merveilles. Un d'eux me fit demander, au nom de tous, si je ne permettais pas qu'ils les vissent : je les fis apporter, et les leur remis moi-même sans montrer de défiance; elles passèrent de main en main, furent examinées et retournées avec l'attention la plus minutieuse; mais leur curiosité pétulante demandait quelque chose de plus; je m'y étais attendu. Le hasard me servit à propos : je tirai sur coup deux hirondelles qui filaient devant nous, et les fis tomber à quelques pas. Cette action subite, mais tranquille, les émerveilla doublement; ils ne savaient lequel admirer davantage, ou l'arme ou le chasseur. Il est certain que ce coup très-heureux, qui pouvait fort bien ne pas réussir, leur donna la plus haute idée de mon adresse, et que j'en profitai pour leur en imposer de plus en plus. Je leur demandai, par signe, s'ils ne pouvaient pas en faire autant avec leurs sagaies ; mais ils secouèrent la tête en souriant et en me faisant entendre que cette arme était impuissante pour atteindre des oiseaux au vol. Un seul d'entre eux se leva, me montrant mes moutons qui paissaient à quelques centaines de pas, et me fit entendre que ses camarades et lui étaient en état de les percer à la course, ainsi que les autres quadrupèdes plus ou moins grands. Haas fit approcher et me présenta un jeune Cafre ; il était parfaitement moulé et d'une figure qui m'intéressa sur-le-champ. Jusque-là je n'avais vu, pour ainsi dire, ces gens qu'en bloc ; je ne pouvais me lasser de contempler celui-ci : on m'assura qu'il passait dans le pays pour un de ceux qui lançaient avec le plus de dextérité la sagaie et la massue courte, et que son adresse lui avait acquis une grande réputation. J'avais tant de fois entendu parler de la Cafrerie et de ses armes redoutables que je ne voulus pas différer plus longtemps de voir par moi-même ce dont était capable un Cafre de dix-huit ans, qui se vantait lui-même si naïvement. L'heure du dîner approchait. je me proposais de régaler tout le monde; j'envoyai chercher un mouton, et, le montrant du doigt au jeune homme, je lui permis de le tirer. Il portait cinq sagayes dans la main gauche; sur mon invitation, il en saisit une de sa droite, fait lâcher le mouton, qui se met à galoper pour rejoindre le troupeau; en même temps il brandit sa sagaie avec force, et, s'élançant en avant par quatre ou cinq sauts rapides, il la décoche : la sagaye siffle, fend l'air et va se perdre dans les flancs de l'animal, qui chancelle et tombe mort sur la place. Je ne pus lui cacher ma surprise et ma joie. Tant d'adresse, unie à la grâce, enchanta tout le monde.

Les gens de sa nation n'étaient pas moins charmés qu'il eût si bien réussi; ils me fixaient et cherchaient à pénétrer dans ma pensée pour y voir tout l'effet qu'avait produit cet échantillon de leur adresse.

Après avoir retiré la lance du corps de l'animal, le jeune Cafre en ficha plusieurs fois le fer dans le sable, et l'essuya soigneusement avec une poignée d'herbe.

J'étais fâché de ne pouvoir m'expliquer directement avec ces nouveaux venus : les longueurs de l'interprétation, peut-être aussi la conception bornée de l'interprète, me causaient des impatiences que je modérais à peine; d'un autre côté, plus vifs, plus ouverts, n'ayant rien dans leur caractère qui approchât de la taciturnité silencieuse des Hottentots, ces gens me gagnaient de vitesse; et, depuis leur arrivée, je n'avais encore fait que répondre aux questions dont leur curiosité ne cessait de m'accabler. J'avais beaucoup moins de choses à leur apprendre qu'à leur demander; je me flattais de voir bientôt se calmer cette volubilité de paroles et de gestes confus et que j'aurais enfin mon tour quand ces premiers moments d'effervescence seraient amortis.

Plus prévoyants que les Hottentots, donnant moins au hasard pour leur nourriture, ils ne s'étaient point embarqués, comme on dit, sans biscuit : ils avaient amené avec eux plusieurs bœufs destinés pour leur cuisine, et quatre autres pour porter leur toilette de jour et de nuit, en un mot, tous leurs bagages; ils n'avaient pas oublié non plus quelques-uns de ces paniers que j'avais admirés chez les Gonaquois, et dont ils se proposaient de faire, en route ou bien avec nous, des échanges avantageux; ils avaient encore quelques vaches avec leurs veaux; au moyen de quoi cette caravane portait un air d'aisance et de somptuosité qu'on se flatterait vainement de rencontrer au sein des vallées lugubres de la Savoie.

Je marquai, à quelques distances de mon camp, l'endroit précis où je voulais qu'ils se logeassent; et, plus heureux ou mieux obéi qu'Idoménée lorsqu'il bâtissait la ville de Salente, en un demi-quart d'heure je vis s'élever sous mes yeux leur petite colonie.

Les feux furent allumés; on coupa le mouton par morceaux; il fut rôti, et bientôt il n'en resta plus que la peau. Je n'ignorais pas combien l'intérêt est un agent puissant pour faire mouvoir tous les hommes, combien surtout il les dispose à la bienveillance; je fis, dans les circonstances où je me trouvais, l'application de ce principe, qui m'avait plus d'une fois réussi. Je voulais m'attacher les Cafres comme j'avais fait les premiers sauvages que j'avais rencontrés, et surtout les Gonaquois; je distribuai donc à mes hôtes diverses espèces de quincaillerie et du tabac. Ils reçurent mes présents avec satisfaction, et sur-le-champ chacun se mit en devoir d'en faire usage.

Mais ce qui fixait davantage leur imagination, et qu'ils m'auraient escamoté de bon cœur, c'était du fer. Ils le dévoraient des yeux, le vantaient excessivement, et semblaient l'estimer par-dessus tout. Leurs regards étaient tombés sur des haches, des pioches, de grosses tarières, des outils de toute espèce qui se trouvaient à l'arrière de mes chariots; ils les convoitaient avec une sorte d'impatience; il n'y avait, pour ainsi dire, qu'à mettre la main dessus. J'étais si bien fait déjà à la manière de traiter avec les sauvages, et je les craignais si peu, puisqu'il faut le dire, même quand je n'aurais point été si puissamment armé, que je leur aurais volontiers abandonné ces objets; mais, avec tout l'attirail que je traînais à ma suite, ils m'étaient devenus d'un usage tellement indispensable qu'il m'eût été impossible d'en faire si généreusement le sacrifice. Afin de leur ôter tout désir, ou du moins d'en diminuer l'ardeur, puisqu'il n'était plus temps de leur dérober la connaissance de ces outils précieux, j'ordonnai qu'on les cachât avec soin : d'après tout ce que j'avais appris des embarras de ces sauvages, relativement à leurs armes, il était, en effet, très-dangereux d'exciter plus longtemps leur envie : elle pouvait leur suggérer des intentions nuisibles à mon repos, et le moyen tout simple de s'en emparer par la ruse s'ils ne le pouvaient par la force. Quiconque a lu le

Voyage du capitaine Cook dans les mers du Sud, a dû remarquer que ce marin et toutes les personnes de son équipage ne mettaient jamais pied à terre sans faire quelques pertes; les insulaires venaient les voler jusque sur leur vaisseau : on enlevait aux chasseurs leurs armes, aux matelots leurs habillements, etc. Le naturaliste Forster raconte du docteur Sparmann, qu'après qu'on lui eut volé son épée, il perdit encore, dans la même course, les deux tiers de son habit. Les Cafres et les Hottentots ne sont point encore parvenus à ce degré d'adresse ; mais ils ne sont pas, sur ce point, exempts de tout reproche. Afin de bien vivre avec eux, il faut apprendre à devenir tolérant sur cet article, ou serrer soigneusement.

La preuve du besoin pressant qu'avaient les Cafres de se procurer du fer venait de se confirmer sous mes yeux. Je me reprochais de les avoir fait avancer, peut être un peu trop tôt, et de n'avoir pas assez pris mes précautions; cependant je les suivais et les faisais épier de fort près. Nous ne voyions pas sans inquiétude, Klaas et moi, par la façon dont ils se parlaient entre eux, dont ils mesuraient la longueur et l'épaisseur des bandes qui bordaient les jantes de mes roues, à quel point ce trésor les eût satisfaits.

Les yeux méfiants et jaloux de mes Hottentots ne perdaient rien de tout ce qu'ils voyaient ; et comme si mes propres remarques n'eussent pas été suffisantes, ils venaient à tous moments y ajouter les leurs, et me faire quelque scène nouvelle. Je pénétrais assez leurs motifs ; de moment en moment je voyais un esprit de haine et de discorde fermenter parmi eux : c'est alors que, rejetant sur moi toute la faute, je me reprochai justement la cause du refroidissement sensible de mes gens, qu'avait fait naître un peu trop de précipitation dans mes démarches, et regrettai de m'être mal à propos arrêté quelques heures au Bruynties Hoogte, pour y solliciter les secours des colons assemblés, qui, par leurs discours, avaient effrayé tout mon monde, et troublé la bonne intelligence de ma caravane ; tant il est vrai que le succès en toute entreprise dépend du secret !

Dans le moment actuel, je ne voyais rien cependant qui dût si fort alarmer mon esprit : nous étions trop supérieurs à nos hôtes en armes et en force, dans le cas où il aurait fallu recourir à la violence, le dernier des moyens à employer avec des sauvages. Je ne pouvais craindre, de leur part, aucune surprise : l'emplacement que je leur avais assigné se trouvait situé de façon que la moindre tentative eût causé leur perte ; mais je n'en redoublais pas moins de précautions et de sévérité, autant pour forcer mes gens à continuer leur devoir que pour ôter à mes hôtes toute idée d'attaque et la facilité de me tendre des piéges. Si j'excepte deux chasseurs que j'envoyais régulièrement tous les jours à la provision, et quatre autres hommes qui gardaient le troupeau sur les pâturages, le reste ne s'écartait point hors de vue ; moi-même, je me tenais assidûment au camp ; je passais des journées entières au milieu des Cafres, conversant avec eux, et me faisant expliquer par l'interprète commun leurs réponses aux différentes questions que faisait naître à tous moments le désir de m'instruire et de recevoir des détails exacts sur cette nation, moins connue encore que celle des Hottentots. L'embarras et les difficultés de la traduction absorbaient, à la vérité, beaucoup de temps ; les connaissances de chaque jour arrivaient lentement, et la somme n'en était pas moins volumineuse. J'employai à ces conversations pénibles une semaine entière ; et, ne voyant enfin que franchise et bonhomie de part et d'autre, convaincu qu'ils agissaient naturellement et sans détours avec moi, je me gênai beaucoup moins ; je diminuai quelque chose de ma réserve, et forçai tout mon monde à se mettre à son aise avec eux.

Bientôt aussi plus d'habitude de leur langage rendit nos entretiens plus intéressants; je commençais à me faire comprendre, et je les entendais mieux encore.

Ils ne cessaient de me conjurer de les suivre dans leur pays; ils revenaient continuellement à la charge sur ce point; vingt fois on m'avait répété tout ce que m'avait appris d'engageant mon interprète à son arrivée. Je n'étais que trop empressé de me rendre à ces invitations séduisantes; mais mon intention n'avait jamais été de partir avec eux.

On en verra bientôt la raison. Je m'excusai en leur disant qu'il ne m'était pas possible de me mettre en marche aussitôt qu'ils paraissaient le désirer; puis, les examinant tous avec beaucoup d'attention, j'ajoutai que, ne connaissant point leurs pays par moi-même, on m'avait informé qu'il était rempli de montagnes et de bois difficiles à traverser; qu'ainsi je ne conduirais point mes voitures et mes bœufs avec moi. Cette déclaration ne parut pas les affecter; et, par le plaisir que leur fit ma parole engagée d'aller les voir bientôt, je pus juger qu'ils ne comptaient pas infiniment sur mes grosses tarières et sur le fer de mes roues.

Mais, à mesure que je les comblais d'amitié et de promesses, je voyais la vengeance éclater dans leurs regards et qu'ils fondaient sur moi leur unique salut; ils se parlaient, se pressaient les uns sur les autres, et me montraient assez, par leurs gestes, la haute opinion qu'ils avaient conçue de mes forces et de mon empressement à les servir. Le nom du féroce habitant de Bruyntjes-Hoogte était sans cesse à leur bouche. Un de ces Cafres se frappait la tête de désespoir et de rage, en me racontant qu'entre autres victimes, sa femme enceinte et deux enfants avaient été égorgés de la propre main de ce colon, et que la soif du sang portait ce tigre au crime pour le plaisir de le commettre. Quelque révoltante que paraisse l'anecdote suivante, je la place ici comme ils me la racontèrent, et comme on me l'a depuis vingt fois certifiée.

Dans un moment où les colonies et les Cafres pacifiés vivaient en bonne intelligence, et n'avaient plus lieu de se craindre et de se persécuter, le tigre du Bruyntjes-Hoogte, que cette harmonie déconcertait, et qui ne pouvait se plaire qu'au sein du carnage et des meurtres, dans l'espoir de ranimer les étincelles de la guerre, et de faire renaître d'anciennes querelles, imagina de se procurer de la ville quelques canons de fusils qui n'étaient plus bons que comme vieux fer; il trouva facilement à les échanger avec les Cafres, qui en ont toujours besoin; le marché conclu avant de livrer les canons, il en encloue les lumières, met dans chacun double charge de poudre, les emplit, en outre, de mitraille et de morceaux de fer qu'il y fait entrer de force jusqu'à la bouche. Les malheureux sauvages, qui ne connaissaient l'arme à feu que par ses funestes effets, et nullement par son mécanisme, emportent chez eux ces canons, et se disposent bientôt à les façonner pour en faire des sagaies. Les feux sont allumés; on y dépose les fatals canons; ils s'échauffent; la poudre s'embrase et produit une détonation épouvantable, qui éparpille dans un moment l'immense brasier, les instruments, les hommes, et va en estropier un grand nombre à des distances éloignées. Un d'entre ceux qui me citaient cet événement, dont toute la horde avait été témoin, me faisait compter toutes les blessures qu'il avait reçues dans cette expérience tragique, et les cicatrices ineffaçables dont son corps était couvert.

Un trait de cette nature suffit seul pour justifier

les Cafres de la haine implacable qui fermente dans leurs cœurs ulcérés, et dont ils sucent le levain en naissant. Pourquoi donner comme les effets d'un caractère naturellement atroce ces attaques imprévues et subites, qui ne sont, dans le fond, que de ustes représailles? La nature n'a pas été marâtre pour le Cafre plus que pour les autres sauvages; l'injustice et la tyrannie les révoltent tous également: l'être le plus tranquille, le plus insouciant qu'on connaisse, le Caraïbe des côtes méridionales d'Amérique, se transformerait en un lion furieux si quelque téméraire osait seulement attaquer la chétive retraite dont il se contente.

Si, fatigués par les persécutions, continuellement harcelés et dépouillés, le désespoir a quelquefois conduit les Cafres à la cruauté; si quelquefois leurs projets de vengeance ont réussi; s'ils ont foulé, ravagé des récoltes, brûlé des habitations, massacré les propriétaires, la nation blanche leur avait prêté sa fureur en leur donnant l'exemple des plus affreux excès.

La haine du Cafre malheureusement s'étend encore sur une partie des Hottentots, que la politique insidieuse et perfide des colons n'a pas manqué de pervertir et de faire entrer dans ses conjurations, afin de diminuer les risques auxquels la façon de manœuvrer des Cafres les expose, et pour leur opposer des forces égales. Mais ces précautions souvent échouent contre l'adresse et l'active vigilance de l'ennemi des colons. Le Hottentot, trop timide et trop mal armé pour se montrer à découvert, compte beaucoup sur la ruse; chargé de l'espionnage, il va sourdement reconnaître les lieux occupés par l'ennemi, surtout ceux où ses richesses sont en réserve: l'œil perçant du Cafre a bientôt éventé ces marches obliques; il fond comme un trait sur l'espion, et l'immole à l'instant.

Je commençais, en l'étudiant chaque jour davantage, à prendre de cette nation si calomniée une opinion non moins favorable que de celle des Hottentots; et, toujours d'après mes principes et ma manière de traiter avec les sauvages, je n'en saurais imaginer avec qui j'eusse eu des périls à courir. Mes journées, dont je variais les occupations et les plaisirs, s'écoulaient, comme par le passé, sans inquiétude et sans trouble; j'avais recommencé mes chasses; mes hôtes m'y suivaient alternativement; mais je me faisais accompagner de préférence par le jeune Cafre, qui me donnait le plaisir de voir tomber tantôt un gnou, tantôt une autre pièce, qu'il abattait de sa sagaie redoutable, avec autant d'adresse qu'il en avait montré pour abattre le mouton. Dans une de nos courses, il m'aida à tuer un hippopotame mâle et de la plus grande taille : ce fut le seul que nous rencontrâmes.

Je n'avais point encore remarqué de près les bêtes à cornes qu'ils avaient amenées, parce que, dès la pointe du jour, elles s'égaraient dans les taillis et les pâturages, et n'étaient ramenées qu'à la nuit par leurs conducteurs; mais, un jour, m'étant rendu de fort bonne heure dans leur kraal, je fus étrangement surpris au premier aspect de quelques-uns de ces animaux : j'avais peine à les reconnaître pour des bœufs ou des vaches, non parce qu'ils étaient infiniment plus petits que les nôtres, puisque je leur reconnaissais les mêmes formes et les caractères primordiaux, auxquels je ne pouvais pas me tromper, mais à cause de la variété des divers contours et de la multiplicité de leurs cornes; elles ressemblaient assez à ces lithophytes marins connus des naturalistes sous le nom de *bois-de-cerf*. Persuadé, dans le moment, que ces concrétions, dont je n'avais nulle idée, étaient un présent particulier de la nature, je regardais les bœufs cafres comme une variété de l'espèce; mais je fus désabusé par mes hôtes : ils m'apprirent que ce n'était qu'un chef-d'œuvre de leur invention et de leur goût; qu'au moyen des procédés qui leur étaient familiers, ils multipliaient non-seulement ces cornes, mais qu'ils leur donnaient encore toute les formes que leur suggérait leur imagination : ils m'offrirent de les travailler en ma présence, si j'étais curieux de connaître leur méthode; elle me paraissait si neuve et si rare que j'en voulus faire l'apprentissage, et suivis pendant plusieurs jours un cours en règle sur cette matière.

Ils prennent, autant qu'il est possible, l'animal dans l'âge le plus tendre; dès que la corne commence à se montrer, ils lui donnent verticalement un petit trait de scie, ou d'un autre outil qui la remplace et la partage en deux : cette double division, qui est encore tendre, s'isole d'elle-même, de façon qu'avec le temps, l'animal porte quatre cornes bien distinctes. Si l'on veut qu'il en ait six, ou même plus, le trait de scie croisé plusieurs fois en fournit autant qu'on en désire; mais s'agit-il de forcer l'une de ces divisions ou la corne entière à former, par exemple, un cercle parfait, on enlève alors à côté de la pointe, qu'il ne faut pas offenser, une partie légère de son épaisseur : cette amputation, renouvelée souvent et avec beaucoup de patience, conduit la corne à se courber dans un sens contraire, et sa pointe, venant se joindre à la racine, offre un cercle parfaitement égal; bien convaincu que l'incision détermine toujours une courbure plus ou moins forte. On conçoit que, par ce moyen simple, on peut avoir à l'infini toutes les variations que le caprice imagine.

Au surplus, il faut être né Cafre, avoir son goût et sa patience pour s'assujettir aux détails minutieux, à l'attention soutenue qu'exige cette opération, qui, dans le pays, peut n'être qu'inutile, mais qui serait nuisible en d'autres climats; car la corne ainsi défigurée deviendrait impuissante, tandis que, conservée dans toute sa force et son intégrité, elle en impose à l'ours et aux loups affamés de l'Europe.

Pendant que je visitais chez ces Cafres leurs bœufs, leurs ustensiles, et que je les épuisais de questions sur leur pays, leurs mœurs, leurs usages, un bruit sourd, qui semblait arriver d'un peu loin, et revenait par intervalles frapper mon oreille, fixa mon attention. Je leur demandai ce que ce pouvait être, et s'ils ne l'entendaient pas ainsi que moi. Ils m'apprirent que trois ou quatre de leurs camarades s'occupaient, au pied d'une petite roche voisine qu'ils avaient découverte, à forger quelques armes des morceaux de vieux fer qu'ils avaient apportés de chez eux, ou échangés durant leur voyage. Autant inquiet de savoir par moi-même s'ils ne m'avaient point dérobé quelques outils, que curieux de connaître la manière dont ils s'y prennent dans une opération aussi difficile pour des sauvages privés même des outils les plus simples, j'engageai deux d'entre eux à se détacher et à vouloir bien me conduire à la forge. Cette visite inopinée, qui me fournit l'occasion de donner à ces peuples des éclaircissements sur le premier mécanisme de la forge, dont ils ne se doutaient même pas, aura peut être eu des suites trop remarquables, et je ne dois pas omettre les moindres détails d'une scène aussi neuve pour ces sauvages que pour moi.

Les Cafres travaillent et forgent eux-mêmes leurs sagaies; mais, ne connaissant du fer que sa malléabilité, leur art ne remonte pas jusqu'à sa première fonte; ainsi c'est du fer déjà travaillé qu'il leur faut. Ils tirent admirablement bien parti des vieux canons de fusils, des cercles de tonneaux et de toute autre ferraille de ce genre; ils portent des sagaies de deux espèces : les unes ont la tige de fer unie et tout-à-fait ronde; les autres, plus artistement, je devrais dire plus cruellement travaillées, ont cette tige carrée; les quatre angles en sont découpés en pointes qui s'inclinent, tandis que les alternes remontent en sens contraire; ce qui nécessite le déchirement des chairs, soit qu'elles entrent dans le corps, soit qu'on les en retire. On ne peut qu'admirer leur patience lorsqu'on songe qu'avec un bloc de granit ou la roche même qui leur sert d'enclume, et un morceau de la même matière pour marteau, on voit sortir de leurs mains des pièces aussi bien finies que si la main du plus habile armurier y avait passé : je lui défierais, avec toute l'adresse et les combinaisons de son génie, de rien faire, avec les deux seuls instruments dont je viens de parler, qui approchât de ce que font ces sauvages.

Ceux auprès de qui je me trouvais actuellement étaient réunis autour d'un grand feu, au pied d'une colline graniteuse; ils retiraient du brasier une barre de fer assez grosse et profondément rougie; ils la posèrent sur une enclume, et se mirent à la battre avec des pierres fort dures, et de la forme la plus favorable et la plus aisée à saisir; ils s'y prenaient fort adroitement; mais ce fut leur soufflet qui me parut bien extraordinaire, et qui fournit sur-le-champ une belle occasion de leur donner sur ce mécanisme utile des notions qui leur auront été bien profitables, s'ils ont su les mettre en œuvre! Leur soufflet était donc un meuble bien misérable; il était fait d'une peau de mouton soigneusement vidée par une légère incision et bien recousue. Les parties de l'origine des quatre pattes, qu'ils avaient retranchées comme inutiles et même embarrassantes, étaient nouées. Ils avaient également tranché la tête, et substitué en place un bout de canon autour duquel ils avaient ramassé et fortement attaché la peau du cou; le souffleur, présentant d'une main ce canon au foyer, éloignait et rapprochait avec l'autre main l'extrémité de cette peau. Cette méthode fatigante ne donnait pas toujours assez d'activité au feu pour faire rougir le fer; mais, n'en sachant pas davantage, ces pauvres cyclopes ne se rebutaient point. J'avais beaucoup de peine à leur faire comprendre combien était supérieure à leur invention celle des soufflets de nos forgerons d'Europe. Persuadé que le peu qu'ils saisissaient de ma démonstration s'échapperait bien de leur mémoire, et ne leur serait d'aucun profit, je résolus de joindre l'exemple à la leçon, et de les faire opérer devant moi; je dépêchai un des miens à mon camp, et lui dis de m'apporter deux fonds de caisse, un morceau de kros d'été, un cercle, de petits clous, un marteau, une scie et tous les outils dont j'avais besoin. Avec tout cela, lorsque mon homme fut de retour, je leur composai à la hâte et fort grossièrement un soufflet qui n'était guère plus fort que ceux qu'on emploie ordinairement dans nos cuisines ; deux morceaux de cercle, que je plaçai dans l'intérieur, servirent à retenir la peau dans un écartement toujours égal ; je n'oubliai point de faire, dans la partie inférieure, un évent ou soupape pour l'aspiration plus prompte de l'air, moyen simple dont ils ne se doutaient même pas et qui les forçait d'employer un temps considérable à remplir leur peau de mouton. Je n'avais point de tuyau de fer, mais, comme il n'était ici question que d'un modèle, j'attachai au cuir de la charnière du mien le fond d'un étui à cure-dents, dont je sciai le bout ; après quoi, posant mon chef-d'œuvre à plate-terre assez près du feu, je fichai avec force une crossette sur laquelle je posai une traverse ou espèce de bascule qui tenait par une ficelle au-dessus de mon soufflet, sur lequel pesait encore un saumon de plomb de sept à huit livres, que j'y avais fixé. Il faudrait avoir vu l'attention que prêtaient ces Cafres à toutes mes opérations, et l'incertitude où ils étaient de savoir à quoi tout cela devait aboutir, pour se faire une juste idée de leur surprise ; ils ne purent retenir leurs cris lorsqu'ils me virent, avec quelques mouvements faciles, d'une seule main donner tout d'un coup à leur feu la plus grande activité par la précipitation avec laquelle je faisais aspirer et rendre l'air à ma machine. J'essayai de jeter au feu quelques morceaux de leur fer, et je parvins à rougir en trois minutes ce qu'ils n'auraient certainement pas obtenu en une demi-heure. Cette fois, je portai leur étonnement au comble ; il tenait, j'ose le dire, de la convulsion, du délire ; ils sautaient autour du soufflet, l'essayaient tour à tour, frappaient des mains pour exprimer leur joie. Ils me supplièrent de leur faire présent de cette machine merveilleuse, et semblaient attendre ma réponse avec inquiétude, n'imaginant pas apparemment que je pusse me détacher sans peine d'un meuble aussi précieux. Je serais enchanté d'apprendre quelque jour qu'ils font usage de mon soufflet, qu'ils l'ont perfectionné, et surtout qu'ils se souviennent de l'étranger qui, le premier, leur donna le plus essentiel instrument de la métallurgie.

VII.

L'habitant de la Cafrerie vit si familièrement au milieu de ses bestiaux, et leur parle avec tant de douceur, qu'ils obéissent ponctuellement à sa voix; comme ils ne sont jamais tourmentés ni maltraités par leurs conducteurs, ces animaux pacifiques ne font jamais usage des armes que leur a données la nature.

Quel que soit l'attachement du Cafre pour ses troupeaux, il n'est cependant pas exclusif : une affection prédominante, et qui va même jusqu'à la passion, le porte vers le chien, il a pour cet animal des attentions et des complaisances outrées ; aussi la reconnaissance en fait-elle bientôt son meilleur ami. Ma meute ne fut jamais autant caressée ni si bien nourrie que pendant le séjour de la petite horde que j'avais avec moi ; mon grand Yager était surtout pour elle un sujet d'admiration : on ne pouvait voir, ne cessait on de me répéter, une plus magnifique bête. L'engouement à son égard s'était si fort emparé des esprits qu'il n'y avait pas un seul homme dans la troupe qui ne se fût empressé, si je l'avais voulu, de le troquer contre un attelage de douze bœufs. Il faut convenir qu'Yager était le chien le plus fort, le mieux fait qui fût dans toutes les colonies.

Il ne quittait plus nos hôtes, ainsi que ses camarades ; ils passaient tous la plus grande partie des journées dans leurs kraals. Ces bonnes gens les laissaient boire tranquillement le lait de leurs paniers, auxquels ils n'auraient pas osé toucher que ces parasites, toujours altérés, ne fussent rassasiés et contents. Je suis persuadé que ces animaux, qui se rendaient pourtant tous les soirs assidûment au gîte, n'auraient été pour nous d'aucun secours si nous avions eu quelque danger à craindre de la part de ces sauvages. Ils s'étaient si fort attachés aux Cafres, et avaient tellement perdu l'habitude de mes gens, que, lorsqu'il arrivait qu'un d'entre eux se fût un peu trop écarté, et rentrât au camp plus tard qu'à l'ordinaire, il était forcé de crier à ses camarades de retenir les chiens, pour éviter d'en être assailli, peut-être même déchiré.

Au plus léger signal d'une intention perfide de la part des Cafres, j'eusse fait mettre toute la meute à l'attache; mais, comme je n'apercevais rien qui dût éveiller ma défiance, c'eût été les mortifier en vain et les priver d'une satisfaction qui les attachait davantage à ma personne, et détruire cette douce franchise qui la leur rendait, de moment en moment plus sacrée.

Du reste, je ne partageais cette manière de voir avec personne; j'aurais vainement essayé de la faire adopter à mes Hottentots : une terreur panique les tenant dans une crainte continuelle et sur leurs gardes, toutes mes représentations, toutes les remarques de franchise, de bonhomie, d'aveux même indiscrets de la part de ces nouveaux venus, rien n'était capable de déraciner leur prévention. La Cafrerie, à les entendre, allait être bientôt le tombeau que je prenais plaisir à creuser de mes propres mains; et, comme ils refusaient d'être les complices de mon imprudence et de ma mort, ils ne consentaient point du tout à s'en voir les victimes. Ni la crainte des châtiments, lorsque je serais rentré sous la domination des Hollandais, ni mes menaces de punir moi même d'aussi lâches déserteurs, n'étaient capables de leur en imposer.

Ce changement me paraissait toujours nouveau; je ne pouvais m'accoutumer à tant d'obstination, de résistance, et d'oubli de tous leurs devoirs. Je les avais déjà trouvés, il est vrai, récalcitrants et difficiles, avant d'arriver au Bruyntjes-Hoogte, lorsque je m'étais vu cruellement délaissé par la horde qui avait voyagé avec moi, et le détachement qui m'avait joint pendant la nuit; mais que ces circonstances étaient ici différentes! Nous n'avions ni les assurances ni la parole des Cafres (nous n'en n'avions jamais rencontré); leurs mœurs, leur caractère et leur façon de vivre ne nous étaient point connus; le préjugé, qui redouble par l'absence du péril, nous les avait toujours présentés comme des peuplades féroces et sanguinaires. La proposition de gagner leur pays jusqu'à la mer pouvait raisonnablement alors effrayer des hommes qui manquent d'énergie et d'intrépidité; mais à présent je ne pouvais plus voir que de l'entêtement et de la désobéissance dans leur refus, et je ne sais quel esprit d'insubordination que leur soufflaient sans doute le dégoût, la fatigue et l'ennui d'un si long voyage. D'autres causes aussi pouvaient y contribuer, que je ne soupçonnais pas alors, et que je découvris plus tard.

Cependant, bien déterminé à suivre mon plan, et ne voulant pas que des gens qui jusqu'alors n'avaient jamais osé sourciller devant moi pussent se flatter d'avoir mis des obstacles à mes volontés, et de dicter à leur chef comme des lois de la prudence ce qui n'était que les précautions de leur crainte et de leur pusillanimité, je tourmentais, si je puis parler ainsi, de plus en plus mon imagination, et faisais mille efforts pour qu'elle me suggérât les moyens de tirer parti du mauvais pas dans lequel je me trouvais embarqué.

Je comptais sur Klaas comme sur moi-même; j'étais sûr pareillement du vieux Swanepoël, du chasseur Zean, qui me suivait depuis le Soet-Melk-Valley, et m'avait tué le premier tzéiran. Pit et Adams étaient encore deux hommes de bonne volonté. Le cousin de Narina et deux de ses camarades m'avaient offert leurs services; mais ces trois derniers, n'ayant aucune connaissance du maniement des armes à feu, pouvaient craindre autant de tirer un coup de fusil que de le recevoir; cependant ils faisaient nombre, et j'espérais, de quelque manière, en tirer partie : les Grecs, qui incendièrent la ville de Troie, n'avaient ni le bras ni les armes d'Achille.

Je résolus de tenter ce voyage avec ces huit hommes; mais, mon plan n'étant pas encore bien digéré, je pensai qu'il fallait différer d'en donner connaissance à mon camp jusqu'au départ des Caffres, que je ne voulais pas surtout en instruire.

Mais un secret qui jusqu'alors m'avait échappé, malgré toute ma prévoyance et mes soins, vint tout d'un coup éclaircir une partie de mes soupçons. Klaas arrivant, un après-dînée, de la chasse, entre dans ma tente, et m'avertit que quatre Hottentots *baster* sont cachés dans mon camp depuis le matin; qu'il les soupçonne d'être les espions du Bruyntjes-Hoogte, envoyés par les colons. Il avait compris, me disait-il, par tout ce qu'il avait pu entendre de la conversation de ces quatre coquins, que les blancs étaient instruits de l'arrivée et du séjour des Caffres dans mon camp; qu'ils murmuraient tous et s'étonnaient que j'eusse reçu chez moi avec autant de cordialité leurs ennemis mortels. Klaas m'engagea à me tenir sur mes gardes, jusqu'à ce qu'il en eût appris davantage, m'invitant surtout à me défier de l'un de mes gens nommé Slanger, qu'il croyait être d'intelligence et manœuvrer sourdement avec les quatre émissaires.

Irrité de l'audace de ces gens, et de la hardiesse qu'ils avaient eue d'entrer dans mon camp, j'ordonnai qu'on les amenât devant moi. A leur démarche timide, embarrassée, je jugeai trop qu'ils étaient coupables. Je les interrogeai brusquement et leur demandai de quel droit et par quel ordre ils avaient osé s'introduire chez moi, et s'y tenir cachés, sans que j'en fusse prévenu. Cette apostrophe un peu vive, la menace de les punir à l'instant, et la colère dont tous mes gens étaient animés, les effrayèrent de telle sorte qu'il leur fut impossible de répondre. J'ajoutai que quiconque s'introduisait sourdement au milieu des miens était suspect à mes yeux, et méritait d'être puni comme un traître; que je ne faisais pas d'eux assez de cas pour en venir à ces extrémités, mais qu'ils pouvaient, quelle que fût leur mission, aller apprendre à ceux qui les avaient envoyés tout ce qu'ils avaient vu chez moi ; que, maître indépendant de mes volontés, je n'avais nul compte à rendre de mes actions; qu'une conduite sans reproche me plaçait au dessus de la crainte; qu'ami de tous les hommes, je détestais les traîtres; que, n'épousant aucune querelle qui me fût étrangère, je n'avais nulle raison d'en vouloir à ces Cafrés dont j'étais environné; que je répondais d'eux et les prenais sous ma garde autant de temps qu'ils resteraient avec moi; mais que l'équité, qui me portait à les défendre, me ferait également une loi de tourner contre eux mes armes si je les voyais entreprendre la plus légère tentative contre les colons; que j'étais assez instruit de la conduite des uns et des autres pour être assuré que ces sauvages, qui ne respiraient que la paix et le repos, ne donneraient jamais le signal des premières hostilités.

Après ce discours un peu vif, je donnai ordre à ces quatre Basters de déguerpir à l'instant, et les fis escorter par quatre fusiliers jusqu'à ce qu'ils fussent hors de vue. Je les avais avertis que, si jamais, sous quelque prétexte que ce fût, ils s'avisaient de reparaître chez moi, je les poursuivrais comme des bêtes féroces, eux et quiconque se présenterait dans des intentions pareilles à celles qui les avaient amenés. Ces dernières menaces firent quelque impression sur mes Hottentots, que tout ce bruit avait assemblés autour de ma tente. Quand leur tour fut venu d'être interrogés sur le secret criminel qu'ils m'avaient fait du séjour de ces espions dans mon camp, aucun d'eux n'osa proférer un seul mot de défense et d'excuse. Je m'exhalai en reproches très-vifs et très-amers ; je leur déclarai que je ferais battre et chasser le premier d'entre eux qui tournerait ses pas du côté qu'habitaient les colons, avec lesquels je ne voulais avoir aucune communication ; je traitai Slinger avec dureté, et lui défendis de quitter son poste sans mon ordre.

Les Cafres, témoins de cette scène, avaient remarqué que je les avais plus d'une fois désignés par mes gestes ; ils en paraissaient intrigués. A l'air enflammé de mes traits, à la consternation qui régnait parmi les Hottentots, ils pouvaient sentir combien ce qui venait de se passer dans mon camp m'avait donné d'humeur et d'animosité contre mes gens ; mais, entendant moins encore notre langue que je ne comprenais la leur, ils paraissaient autant surpris qu'inquiets de tout ce bruit ; ils exprimaient, par leurs regards errant de tous côtés et sur nos visages, la perplexité qui tenait en suspens leurs esprits. Hans prit soin de leur expliquer cette énigme. Il me sembla que cette ouverture les rassurait un peu ; mais, lorsqu'il les eut instruits que les colons s'étaient réfugiés si près de nous, cette nouvelle les contrista : ils craignaient que, prévenu de leur séjour chez moi par le rapport des quatre espions que je venais de chasser, ces blancs perfides et vindicatifs n'accourussent aussitôt, dans l'intention de les attaquer et de les détruire, jusque dans mon camp. J'eus beau les rassurer et leur promettre appui, sûreté, protection, je ne vis plus en eux cette gaîté franche et naïve qui naît de la tranquillité de l'esprit ; ils se parlaient beaucoup plus entre eux et semblaient concerter leurs mesures, et ne désirer que le départ et la fuite. Hans, qui les avait accompagnés ce soir-là, lorsqu'ils s'étaient retirés dans leur kraal, m'avoua, le lendemain, qu'ils le soupçonnaient d'être un traître, qui les avait amenés chez moi pour les y faire égorger, et que conséquemment je n'étais pas moi-même à l'abri de tout soupçon ; qu'ils avaient reconnu un des quatre Basters pour être venu souvent dans leur pays, sous prétexte d'échanger des bestiaux ; que le croyant un ami fidèle et sûr, ils lui avaient accordé toute confiance, et ne le voyaient jamais arriver sans lui témoigner combien sa vue leur causait de satisfaction ; mais que bientôt, le monstre les avait vendus lâchement ; que depuis il n'osait plus reparaître chez eux, de peur d'y trouver, dans la mort la plus prompte, la punition due à ses perfidies.

Hans me fit part, en outre, de la résolution qu'ils avaient prise de s'en retourner. Ils me priaient, par sa méditation, de vouloir bien troquer quelques-uns des bœufs qu'ils avaient amenés contre de la vieille ferraille. Je leur refusai nettement cet article, et leur fis entendre qu'il m'était impossible d'acquiescer à leur demande, attendu que je ne voulais pas être accusé d'avoir fourni des armes contre les colons; que, sans aucune vue d'intérêt, mais pour le plaisir seul de les obliger, je me serais, dans toute autre circonstance, empressé de leur donner cette marque d'amitié; mais qu'ils devaient sentir que, dans l'état actuel des choses, j'avais les bras liés par l'honneur; qu'à l'exception du fer, tout ce que je possédais était, de ce moment, à leur service; qu'avant leur départ, je leur en donnerais la preuve; et, pour adoucir l'amertume de mon refus, j'ajoutai que, voulant rester l'ami de tout le monde, et conserver à leur égard, ainsi qu'envers les colons, l'exacte neutralité dont j'avais toujours fait profession, j'étais prêt en toute rencontre, à faire la même réponse à leurs ennemis, s'il arrivait que, manquant ou d'armes ou de munitions, ils vinssent, à leur tour, implorer mon assistance pour continuer la guerre.

Quoique cette réponse et ces explications fussent claires et précises, ces sauvages, qui ne se rebutent pas pour un premier refus, revinrent encore à la charge, et me renouvelèrent plus d'une fois leurs instances. J'avais trop bien pris mon parti, et je fus intraitable sur ce point.

Le 21 novembre, ils vinrent tous me prévenir qu'ils s'étaient arrangés pour partir le jour même. Ils renouvelèrent leurs protestations de reconnaissance et de bonne amitié, et me promirent que, partout où ils passeraient, leur premier soin serait de publier ce qu'ils avaient vu, combien ils avaient à se louer de moi, et la façon affectueuse et familière avec laquelle je les avais traités pendant un assez long séjour; que les richesses dont je les avais comblés feraient plus d'un jaloux, et que toutes les hordes m'attendraient avec la plus vive impatience, et me verraient arriver avec joie. La description qu'ils se promettaient de faire de mon camp et de ma personne, et surtout de ma barbe, devait, ajoutaient-ils, servir de signalement à ceux qui ne me connaissaient pas, et me faire accueillir tout autrement qu'un colon. Ils se tournèrent ensuite comme de concert, du côté de ma tente, sur laquelle flottait un pavillon, et me demandèrent si je ne le porterais pas avec moi, afin qu'on m'aperçût de plus loin; sur ma réponse affirmative, ils jetèrent des cris de joie, comme si, non contents de l'espoir que je leur avais donné d'aller les visiter, ils avaient craint encore que je ne fusse confondu parmi leurs indignes persécuteurs, et que, par un sentiment d'amour pour ma personne, ils eussent voulu me garantir de toute espèce de méprise. Après les tabès d'usage, je les accompagnai jusqu'à la rivière, qu'ils traversèrent tous à la nage, ainsi que leurs bestiaux; et, lorsqu'ils eurent mis pied à terre à l'autre bord, je les saluai pour la dernière fois, par une décharge générale de toute ma mousqueterie. Les ravines et les taillis, dans lesquels ils s'enfoncèrent les eurent bientôt dérobés à ma vue.

Ces Cafres une fois partis, je m'étais flatté que mes gens feraient quelques réflexions sur la manière tranquille avec laquelle ils avaient vécu avec eux pendant mon séjour, qu'ils reconnaîtraient combien leur frayeur était mal fondée, et qu'ils finiraient peut être par consentir à m'accompagner. Pour ne point paraître m'occuper d'eux et de mon projet avec trop d'acharnement, et afin de les mettre en état d'agir d'eux-mêmes, je résolus de partir aussi sur-le-champ, pour aller rendre visite au vénérable Haabas, parce qu'à mon retour, à la première ouverture qu'on me ferait de quelque changement, je lèverais le piquet et me remettrais en marche, pour ne donner le temps à personne de se refroidir. Pendant le séjour des Cafres, je n'avais vu qu'une seule fois deux Gonaquois chez moi ; il me tardait de renouer connaissance avec mes bons voisins, et de les instruire de ce qui s'était passé depuis notre séparation. Je me rendis seul à leur kraal. Leur joie fut extrême quand ils m'eurent reconnu ; tous s'empressèrent auteur de moi ; ils s'appelaient les uns les autres, et accouraient de tous les côtés. Je fus bientôt entouré. Haabas me fit part de ses craintes et de celles de sa horde, pendant le séjour des Cafres chez moi ; il me demanda cent fois s'il était certain que sa retraite ne fût point connue d'eux. Je fis tous mes efforts pour le tranquilliser, et je lui appris que je tenais des Cafres mêmes qu'ils n'avaient aucun sujet de haine contre les Hottentots-gonaquois, qu'ils savaient n'avoir aucune communication avec les blancs et les autres Hottentots, et vivre, au contraire, en horde et tout-à fait isolés ; que d'ailleurs la position précise de leurs kraals ne leur était point connue; mais qu'en tout cas il était plus simple et plus facile, pour la sûreté commune, de déloger et d'aller s'établir ailleurs. Haabas embrassa ce projet avec d'autant plus d'empressement qu'il ne s'en fiait point, disait-il, aux belles paroles des Cafres; puisqu'il n'y avait pas long-temps qu'ils l'avaient forcé d'en venir aux mains avec eux ; qu'il était prudent de prendre ses précautions, et d'écarter un pareil malheur. Il eut assez de confiance en moi pour me demander des avis sur le nouvel établissement qu'il allait former, et la résolution fut prise de gagner au plus tôt les montagnes de l'Ouest, et de s'éloigner tout-à-fait des terres de la Cafrerie qui s'étendent au nord-est.

J'étais incognito chez Haabas, et plusieurs motifs m'engageaient à n'y point séjourner. Je voulais savoir de lui s'il ne pourrait point décider plusieurs de ses gens à se réunir aux trois qui s'étaient offerts de bonne grâce, lors de mon premier voyage; un seul balança et finit par un refus. Pour ne rien arracher de force et ne donner à ces bonnes gens aucun sujet de plainte, j'assignai le rendez-vous dans mon camp aux trois hommes de bonne volonté qui s'étaient engagés à me suivre, et je leur donnai quatre jours : par ce moyen, ils avaient plus de temps qu'il n'en fallait pour mettre ordre à leurs affaires et se préparer des armes.

Je ne pouvais emmener mes chariots avec moi, puisque je ne devais compter tout au plus que sur huit hommes pour m'accompagner dans mon voyage en Cafrerie. il me fallait quelques bœufs de charge ; je n'en avais qu'un seul qui fût accoutumé à cet exercice. Nous arrangeâmes un échange, et je promis de l'effectuer aussitot que je serais de retour chez moi. Tout cela fut l'affaire d'un moment. Malgré les vives instances du chef et de tous ceux de la horde que je trouvai au kraal, je résolus de le quitter aussitôt, et je prétextai mille affaires auprès des miens. Je ne sais quelle tristesse s'était emparée de mon âme : je ne revoyais point ce séjour du même œil que par le passé; j'étais contrarié de toutes manières; les obstacles semblaient s'accroître à chaque pas.

VIII.

De retour dans ma tente, je fis approcher mes gens l'un après l'autre, et je voulus savoir de leur propre bouche les intentions de chacun, afin de découvrir s'il n'y avait point parmi eux quelques mutins qui soufflassent la zizanie et l'esprit d'insubordination. Leurs réponses furent uniformes : ils appuyaient leur résistance de la seule frayeur où les jetait ma témérité. Quelque humeur que je ressentisse de cette désobéissance, quelques désagréments qui dussent en être la suite, je n'eus pas même la force de les réprimander : trop de motifs combattaient pour eux dans mon cœur, et je sentis que je leur étais encore trop fortement attaché. Nul autre dessein ne les avait séduits : la peur avait seule dérangé leurs têtes. Ils ne voulaient point, disaient ils, aller dans un pays d'où l'on n'avait jamais vu revenir ni blancs ni Hottentots. Je leur recommandai du moins de me rester fidèles, et qu'en mon absence ils n'oubliassent point mes bontés et tout ce qu'ils devaient à leur maître. Je vis trop dans leurs gestes et dans leur contenance tout ce que ces derniers mots faisaient d'impression sur eux, et ce que j'aurais pu exiger de leur amour si j'avais renoncé à vouloir les contraindre à ce fatal voyage. Je leur promis une égale affection pour l'avenir, et je m'enfermai seul dans ma tente. Je m'occupai, pendant une partie de la nuit, de mon plan et des moyens de l'exécuter le plus sagement et le plus promptement qu'il me serait possible; et, le lendemain, dès le matin, je fis appeler les Hottentots sur lesquels je comptais. Je leur répétai que j'étais, à la fin, résolu de partir avec eux s'ils étaient toujours résolu de me suivre. Pour mieux écarter de leur esprit toute espèce de nuage, et leur prouver que je n'en agissais point témérairement avec eux, je leur déclarai que je n'avais l'intention de pénétrer fort avant dans la Cafrerie qu'autant que je ne rencontrerais point d'obtacles sur mes pas, et que je n'éprouverais nul mécontentement de leur part; que, puisque nous ne devions pas espérer, sur le rapport de mes envoyés, de rencontrer aisément le roi Faroo, j'étais d'avis d'aller simplement visiter les Cafres qui m'attendaient avec tant d'impatience, et de retourner à l'est pour nous rapprocher de la mer, où nous pourrions découvrir le vaisseau naufragé. Ils persistèrent tous dans la promesse qu'ils m'avaient faite. Je m'adressai ensuite à Swanepoël, et lui dis que je le regardais comme un autre moi-même, et lui confiais toute mon autorité pendant mon absence. Je le conjurai de veiller sur mon camp, d'y maintenir le bon ordre, puisqu'il ne m'était plus permis de compter sur les autres.

Mes trois Gonaquois arrivèrent à jour nommé. Dès lors il ne fut plus question que des préparatifs et des provisions nécessaires pour le voyage. J'emplis deux sacs de peau de poudre à tirer; ces sacs furent enfermé dans un troisième, afin de les préserver de l'humidité; nous coulâmes des balles de calibre et de la dragée; j'emportai huit fusils, et laissai les huit autres pour la défense du camp; j'as semblai différentes espèces de verroterie et de quincaillerie, dont je fis des assortiments séparés dans des sachets et de petites boîtes. Ma canonnière, une couverture de laine, un gros manteau et quelques autres effets indispensables devaient me suivre. Nous emportions, pour la cuisine, une seule marmite, une bouilloire, du thé, du sel, du sucre, etc. De leur côté, mes compagnons s'occupèrent à rouler leurs peaux, leurs nattes, leurs ustensiles ; ils n'avaient point oublié de me demander une bonne provision de tabac et d'eau-de-vie. Ce remuement, cette agitation, les allées et les venues que nécessitaient tous ces préparatifs m'auraient offert un tableau piquant si j'avais eu l'esprit tranquille, et que tout mon monde eût voulu me suivre : c'était, comme on le dit, le déménagement du peintre. D'un autre côté, l'air étonné, contrit des poltrons qui restaient, présentait un contraste singulier. Les partants haussaient la voix, et les regardaient en pitié : on eût dit qu'ils ne se connaissaient plus, qu'ils n'étaient plus de la même espèce. Ceux-là montraient toute l'inquiétude que leur causaient ce départ et le chagrin de ne me plus voir à leur tête : ils auraient été charmés de connaître la durée de ce voyage : ce qui n'était pas plus en mon pouvoir qu'au leur.

Nos emballages achevés, et n'ayant plus qu'à charger, nous fixâmes le départ au lendemain matin, 3 novembre.

Lorsque les feux du soir furent allumés, je m'y plaçai, à l'ordinaire, avec tout mon monde, pour prendre le reste. Je saisis ce moment pour faire une douce exhortation à ceux que je laissais dans mon camp ; je ne leur montrai plus aucun signe de mécontentement ; je feignis même d'approuver leurs raisons, bien assuré que je ne changerais rien aux résolutions de ceux qui partaient avec moi. Quant aux nouvelles marques d'inquiétude qu'ils montraient pour ma personne, je leur dis que je devais trop compter sur les braves qui m'accompagnaient pour n'être pas tranquille ; je leur recommandai la plus grande obéissance aux ordres du sage Swenpoël, à qui je remettais toute mon autorité ; je leur promis de récompenser tous ceux dont la conduite répondrait à la bonne opinion qu'ils m'avaient fait prendre jusqu'ici ; enfin, pour ne leur donner aucun regret dans l'âme, et effacer jusqu'au souvenir de tout désagrément réciproque, je fis verser une rasade générale. On but à notre voyage, et chacun se retira chez soi.

Je ne pus fermer l'œil de toute cette nuit. Dès la

pointe du jour, je sonnai moi-même l'appel : tout le camp fut en l'air; on chargea; l'on emmaillota nos quatre bœufs.

Tandis qu'on déjeûnait, je fis mettre à l'attache tous mes chiens : sans cette précaution, la meute entière, qui pressentait le moment du départ, et qui s'en réjouissait, comme cela était arrivé toutes les fois que nous avions changé de campement, n'aurait pas manqué de prendre les devants, et de se répandre dans la campagne. Je n'en emmenai que cinq avec moi.

Avant de nous faire nos adieux, je pris Swanpoël à l'écart, et lui dis que, si je ne voyais point de sûreté ni de possibilité de traverser toute la Cafrerie, je serais infailliblement de retour sous quinze jours; que, si je ne l'étais pas après six semaines bien révolues, il pouvait lever le camp, et se rendre dans le Cambedo, sa patrie; que je le laissais le maître de prendre cette route, même avant le terme écoulé, s'il voyait le moindre risque à courir en restant dans l'endroit où je le laissais, et que je saurais le joindre. Je le priai de veiller sur mes gens, sur mes chariots, sur mes collections, en un mot, au premier signal du danger, de songer à mettre tout à l'abri. « Si vous ne me voyez point revenir, ajoutai-je avec une émotion dont je ne pus me défendre en ce moment, et que vous ayez sujet de désespérer de mon sort, vous reprendrez la route du Cap avec tout mon monde, et remettrez tous mes effets à mon ami M. Boers. »

Ce brave vieillard ne put entendre ces dernières paroles sans verser des larmes; ses sanglots le suffoquaient. Je le rassurai, et lui promis de ne rien tenter que de raisonnable. Vainement aurait il cherché à me retenir plus long-temps; je me dérobai à ses supplications affectueuses, et rejoignis mes chevaux, mes bœufs et mes chiens.

Déjà Keès avait pris les devants. Escorté de mes huit hommes, dont l'un portait le pavillon, je me mis en marche, et perdis bientôt de vue mon camp. Il fallut remonter la rivière l'espace d'une lieue et demie pour la traverser. Une partie de mes gens qui m'avaient accompagné jusque-là rebroussèrent chemin, lorsque nous eûmes gagné l'autre bord.

Nous quittâmes cette rivière, et prîmes notre route droit au nord-est : c'était suivant mon système, qui s'accordait assez avec les éclaircissements de Hans, entamer la Cafrerie par sa plus grande profondeur. Nous marchions continuellement sous la même espèce d'arbre (le minosa nilotica), dont toutes les

7..

parties du canton sont parsemées. La terre était couverte d'herbes très-hautes, qui nous fatiguaient extrêmement. Mes gens en souffraient plus que moi, attendu que, comme elles étaient en même temps fort desséchées, leurs jambes s'ensanglantaient à chaque pas. Ils y remédièrent en se faisant des bottines avec des peaux et des herbes tressées. Mes bœufs seuls paraissaient charmés de l'aventure, et, tout en marchant, se saturaient à leur gré, sans avoir la peine de baisser la tête jusqu'à terre. Nous avions toujours sous les yeux des gazelles de différentes espèces, notamment celles de Parade ou Spring-Bock. Mes chiens firent lever une outarde que je tuai; elle formera encore une espèce nouvelle à décrire : plus grosse que la cane-pétière d'Europe, elle a le plumage du cou par-devant, ainsi que la poitrine et le ventre, d'un gris bleu uniforme; toute la partie supérieure du corps est d'une teinte roussâtre, pointillée et rayée d'une couleur presque noire; son ramage imite assez le cri du crapaud, mais il est plus fort.

Notre première nuit fut tranquille. Nos bœufs étaient attachés près de nous avec leurs grandes courroies, nos chevaux avec leurs longes. Le rugissement de quelques lions, qui se faisaient entendre dans les montagnes ne nous alarmait point pour eux ; en général, nos inquiétudes et nos embarras à cet égard avaient diminué en proportion du train qui nous suivait.

Le 5 du mois, étant partis de grand matin, nous arrivâmes au kraal de Cafres que nous avions cru rencontrer la veille. Nous n'y trouvâmes pas un seul habitant. La plupart des huttes étaient encore entières ; quelques-unes seulement avaient été brûlées. J'en vis sept, rapprochées et groupées : le surplus, qui pouvait monter à cinquante ou soixante, était épars de côté et d'autre dans l'étendue d'une demi-lieue. C'est là que je m'aperçus, pour la première fois, que ces peuples sont un peu cultivateurs : ils sèment une espèce de millet, connu sous le nom de blé cafre. Pour la plus grande facilité de l'exploitation, chacun choisit le terrain qui lui paraît le plus favorable à ses vues, et place sa hutte au centre : c'est pour cela que les kraals ne sont point dans une seule et même place, comme ceux des Gonaquois ou des Hottentots. Il est probable que ceux chez lesquels nous étions avaient été surpris par les colons ; car nous trouvions de tous cotés des cadavres et des membres épars, que les bêtes féroces avaient à moitié dévorés. Plusieurs champs de blé étaient en état d'être recoltés; mais les gazelles, qui abondent aussitôt qu'elles ne sont plus effrayées par les épouvantaïls, les avaient endommagés. On lâcha mes bœufs, qui achevèrent le dégât.

Quant à nous, nous nous étalâmes, moi dans ma tente, mes Hottentots dans les sept huttes dont ils s'emparèrent. Le site me paraissant fort agréable, je décidai que nous passerions là plusieurs jours. On coupa de grandes branches, avec lesquelles ma tente fut si bien masquée qu'il eût été difficile de la découvrir. Nous avions à deux pas un ruisseau dont les eaux limpides roulaient sur un fond de cailloutage. Quelques mimosa, çà et là distribués, nous donnaient un peu de fraîcheur. A cent pas de notre camp, nous pouvions jouir, au besoin d'un abri plus délicieux dans une forêt immense de superbes et grands arbres; j'allais m'y promener, surtout dans la plus grande chaleur du jour. Divers sentiers, qui se croisaient en mille sens divers, dénotaient clairement que ces lieux avaient été depuis long-temps très-fréquentés.

J'y reconnus plusieurs arbres que j'avais déjà rencontrés dans le pays d'Auteniquoi. Le *stinhhoutt* (bois puant) abondait de tous côtés; on le rencontre aussi dans la baie Logoa, d'où les habitants du Cap le font venir pour le travailler et l'emloyer à l'ébénisterie; mais les frais qu'occasione l'éloignement le rendent très-rare et très-cher. Outre qu'il est susceptible de recevoir le plus beau poli, il a le mérite d'être inaccessible aux atteintes du ver. A mesure qu'il vieillit, il prend une couleur marron, dont les veines, fort larges, se nuancent d'une teinte plus ou moins foncée. Lorsqu'on le coupe et qu'il n'est pas encore sec, il répand une odeur d'excréments qui cause des nausées, principalement dans les temps humides et lorsqu'il est imprégné d'eau; il perd cette mauvaise qualité à mesure qu'il sèche. Comme tous les arbres lourds et compactes, il croît lentement; il s'élève, grossit et dépasse les plus hauts chênes.

Je remarquai aussi le *geele-houtt* (bois-jaune); il tient son nom de sa couleur. On en fait moins de cas que de l'autre pour les meubles; mais, comme il est d'une belle forme et facile à débiter, on en fait de superbes madriers, des poutres et des solives pour la bâtisse; il donne des fruits jaunes de la grosseur des mirabelles, mais couverts de tubercules assez épaisses; l'amende du noyau, qui est fort dure, est la seule chose qu'on puisse manger.

Un autre arbre, *roye-houtt* (bois-rouge), tire encore son nom du rouge foncé de son écorce; elle est épaisse, mais fort tendre, et l'on pourrait en extraire la teinture. Son fruit, de la grosseur d'une forte olive, est également rouge; lorsqu'il est mûr, on le mange avec plaisir, et les habitants en font une espèce d'eau-de-vie.

La soirée se passa fort gaîment; il n'en fut pas ainsi de la nuit : les aboiements continuels de nos chiens nous tinrent tous éveillés. L'inquiétude que nous causait leur vacarme était d'autant plus forte qu'aucun autre bruit ne frappait nos oreilles. Ce n'était donc aucune bête féroce; elle se fût décelée tôt ou tard. Nos soupçons s'arrêtèrent sur les sauvages, et je craignais quelque embuscade. Le jour parut enfin; mais il ne ramena pas la tranquillité. Nous furetâmes inutilement de tous côtés. Nous ignorions si c'étaient ou des Cafres ou ces pirates de Bossisman : le terrain aride et les herbes sèches sur lesquels nous étions campés ne nous permettaient pas de découvrir leurs traces. Ainsi, le 10, sans avoir appris davantage, nous partîmes, en nous orientant toujours à l'est. Cette direction nous conduisit dans un canton où les mimosa se trouvèrent en si grande abondance, si hauts et si touffus, qu'ils formaient une véritable forêt. Après l'avoir traversée, nous rencontrâmes une petite rivière, que nous eûmes l'avantage de passer à gué; nous en suivîmes les bords pendant l'espace de deux grandes lieues, après quoi nous campâmes, lorsque nous vîmes que nous allions être surpris par la nuit.

J'avais été averti par notre guide que, trois lieues plus loin, nous rencontrerions enfin le kaal de ces Cafres qui m'avaient sollicité de me rendre chez eux. Je désirais d'autant plus de le voir, qu'il était très-ancien, très-curieux, que rarement cette place, fort commode et très-connue des sauvages, restait vacante, et que la horde de ceux-ci était fort nombreuse. Pour ne pas nous trahir nous-mêmes, je défendis de tirer un seul coup de fusil sur le gibier; je fis dresser ma tente, allumer du feu, et nous y restâmes autour fort avant la nuit, après quoi, pour tromper l'ennemi à la parole de qui je ne me fiais qu'avec prudence, lorsque j'eus fait jeter de nouvelles branches dans ce feu pour l'alimenter jusqu'au jour, nous allâmes nous établir et nous coucher sur des nattes, à cinquante pas plus loin. Notre sommeil ne fut point interrompu. Le lendemain, Hans se détacha avec deux de mes Hottentots bien armés pour aller en avant. Je leur donnai rendez-vous à deux lieues plus loin, c'est-à-dire à une lieue de ce kraal, et leur dis de venir aussitôt m'y rendre compte de ce qu'ils auraient vu Ils furent de retour à deux heures, et m'apprirent, avec un étonnement mêlé de douleur, qu'ils l'avaient effectivement trouvé en fort bon état, mais qu'il était, comme les autres, absolument déserté. Alors je continuai ma route jusque-là, et nous prîmes possession de ce nouvel empire. Il était ample et vaste. Nous trouvâmes plus de cent huttes très-anciennes et solidement construites ; elles étaient espacées à la manière ordinaire. Il était probable que les habitants avaient pris l'alarme mal à propos : nous n'aperçûmes aucun débris et pas un seul cadavre. Ils avaient oublié dans une de ces huttes deux sagaies dont le fer était rouillé, et, dans une autre, un petit tablier de femme, des outils de bois pour le labourage et quelques bagatelles de peu de conséquence. Je m'emparai de ces divers objets. Les petits champs de blé n'offraient point, comme dans le premier kraal où nous nous étions arrêtés, l'image de la désolation et du malheur; il paraissait, au contraire, que la récolte en avait été parfaitement enlevée. Nous décidâmes que nous nous arrêterions là pendant deux ou trois jours, afin de distribuer au loin quelques patrouilles, et de voir si, dans les environs, nous ne découvririons point quelques Cafres. Je savais fort bien qu'en tirant directement au nord, je tombais dans le centre de la Cafrerie : c'est ce que je voulais éviter sans cesse, préférant de gagner peu à peu par de longs circuits, et de ne me hasarder qu'en proportion des dangers que j'apercevrais, ainsi que des connaissances que je ferais durant la route.

Toutes nos recherches et toutes nos ruses n'aboutirent à rien : nul Cafre ne se présenta.

Je ne dissimulerai point que, d'après mes préjugés personnels et les descriptions fastueuses de la magnificence et du luxe des despotes asiatiques, j'avais pensé que j'en retrouverais au moins l'esquisse dans les États d'un roi des Cafres : c'était ce qui m'avait suggéré le plus vif désir de voir Faroo; mais ma curiosité n'avait plus le même aliment depuis que les derniers hôtes que j'avais reçus dans mon camp, et qui demeuraient ordinairement près de lui, m'avaient appris que cet homme, sans aucune suite particulière, habitait, comme le dernier de ses sujets, une hutte qui n'était ni plus grande ni mieux ornée que les autres; qu'il pouvait, tout comme eux, devenir très-pauvre, si la mortalité s'introduisait parmi ses troupeaux; que ses sujets ne lui devaient ni subsides ni impôts; qu'il n'avait nul droit d'attenter à leur propriété; qu'en un mot, ce n'était qu'un simple chef, comme chez les Hottentots; que la seule différence remarquable entre ce chef et les autres était qu'il commande à une nation plus nombreuse, et que la place est héréditaire; mais que, privé d'ailleurs de toute autre décoration extérieure et de tout appareil de royauté, il ne jouit que d'un pouvoir très-limité.

D'après ces détails, mon imagination avait beaucoup abattu des idées brillantes qu'elle s'était faites du roi. Ne pouvant rien gagner à le voir, et désespérant de le rencontrer, tous mes vœux ne se tournèrent plus que vers le vaisseau naufragé. Sur le rapport de mes Cafres, je n'avais pas plus d'espoir de me satisfaire; cependant je tournai mes pas vers la côte, toujours bercé de l'idée chimérique que j'en obtiendrais des nouvelles plus certaines.

Nous ne trouvâmes partout que des huttes désertes; nul habitant, nulle trace d'humains ne s'offrirent à nos regards : la gazelle et généralement toutes les espèces de gibier abondaient dans tous les lieux que nous parcourions; ce qui prouve, mieux que de vains raisonnements, que le Cafre n'est point autant chasseur que le Hottentot, qu'il vit moins que lui d'espérance, et qu'il compte plus sur son blé et sur son troupeau que sur les ressources de l'adresse et son habileté à manier la sagaie et la massue. Plusieurs éléphants, que nous aperçûmes, ne nous donnèrent pas le temps de les joindre pour les tirer.

Depuis mon départ de Kols-Kraal, j'avais déjà fait en oiseaux une collection si considérable que je ne savais plus où la placer; elle était certainement plus embarrassante par son volume que par sa pesanteur, quoique j'eusse toujours pris soin, après avoir apprêté chaque individu, de le coucher à plat pour ménager la place.

Le 15, nous traversâmes la petite rivière que nous avions suivie jusque-là, afin d'éviter des montagnes stériles et trop escarpées qui se présentaient à nous; nous fûmes ensuite obligés de décliner du côté du sud, parce que, ne trouvant aucun chemin frayé, les circonstances et le local déterminaient seuls notre marche. Je fis lever à mes pieds une grande outarde, que je tuai; elle couvait deux œufs, dont les petits, prêts à éclore, étaient entièrement couverts de leur premier duvet. J'étais charmé que le hasard m'eût procuré cet oiseau, neuf pour moi. Il me parut que le mâle et la femelle couvaient alternativement leurs œufs. Celui que je venais de mettre à bas était le mâle; il portait, derrière la tête, une huppe très-grande et très-touffue en forme de capuchon. La femelle ne tarda pas à venir roder autour de nous; elle se mit à nous observer, et jetait de temps à autre un cri fort rauque. Je m'étais flatté de l'abattre : c'est dans ce dessein que j'avais laissé les deux œufs dans leur nid ; mais, comme, dans tous les environs, il n'y avait d'endroit où je pusse me mettre à l'affût sans qu'elle me vît, elle n'approcha point. Je renonçai à mon projet, et continuai ma route.

Il est probable qu'il n'existait pas un seul Gafre dans toute la partie que nous avions traversée jusqu'alors; car les coups de fusils que, depuis quelque jours, nous tirions continuellement, soit dans nos divers campements, auraient dû nous découvrir et les amener sur nous, puisqu'ils sont si peu craintifs. Nous n'étions pas tous du même avis sur cet objet, qui faisait, durant la marche, la matière ordinaire de nos conversations : les uns prétendaient qu'il devait y avoir des Cafres, mais que, n'étant pas en force, ils n'osaient se montrer; les autres soutenaient qu'il n'y en avait point, puisque nous n'en étions pas assaillis, mais lorsqu'il était question de la conduite que nous devions tenir si nous en rencontrions, tous déraisonnaient, et formaient les plans de défense les plus ridicules et les moins praticables; seul, je pensais qu'il fallait essuyer la première décharge sans riposter, et tâcher d'en venir, par la douceur, à des explications, avant que de nous servir de nos armes, qui nous assuraient l'avantage si nous étions forcés d'y recourir. Je ne doutais point que ce moyen ne réussît si nous nous voyions attaqués pendant le jour ; pour la nuit, c'était autre chose : dans ce sage projet d'accommodement je voyais des difficultés presque insurmontables, et c'était pour éviter toute espèce de malheur que nous avions constamment pris le parti de coucher à cinquante pas de ma tente, sur laquelle j'avais grand soin de laisser flotter mon pavillon, qui s'apercevait d'assez loin. Cette petite ruse nous mettait à l'abri de la première surprise.

Nous ne cessions point, pour cela, nos courses et nos chasses. L'eau devenait moins abondante; je commençais à éprouver des craintes terribles. Un jour que le temps était resté couvert, ce qui nous avait procuré une marche de plus de six heures fort agréable, j'aperçois Keès qui tout-à-coup s'arrête, et qui, portant les yeux et le nez au vent sur le côté, se met à courir, traînant tous mes chiens à sa suite, sans qu'aucun d'eux donnât de la voix. Étonné de ce manége si nouveau, n'apercevant rien qui pût les attirer si singulièrement, je pique des deux pour les rejoindre. Que je fus étonné de les trouver rassemblés autour d'une jolie fontaine, éloignée de plus de trois cents pas de l'endroit d'où ils venaient de détaler ! Je fis signe à mes gens de s'approcher ; ils arrivèrent, et nous campâmes près de cette source bienfaisante, qui prit sur-le-champ le nom du magicien qui l'avait découverte.

J'aurai plus d'une fois occasion de rappeler des circonstances dans lesquelles l'instinct des animaux que j'avais avec moi m'a rendu de signalés services ; ils m'ont tiré de bien des angoisses cruelles, sous lesquelles j'aurais succombé sans leur secours. Je n'ai jamais douté que l'homme n'ait reçu du Créateur, en égale portion, les mêmes facultés : sa corruption insensiblement lui a tout fait perdre. Les sauvages, d'autant plus près de la nature qu'ils s'éloignent de nous, ont aussi les sens bien plus subtils ; enfin moi-même, et je me flatte d'inspirer quelque croyance, après avoir passé cinq ou six mois dans les forêts et les déserts, lorsqu'à leur imitation, je présentais le visage de côté et d'autre, j'étais parvenu à sentir, à deviner, comme eux, soit une rivière, soit une marre ; nous ne manquions jamais d'y arriver.

Résolu de passer la nuit à *Keès-Fontein*, je profitai de ces moments de repos pour préparer une outarde que j'avais tuée. Des nuages amoncelés dans le lointain nous annonçaient un violent orage; je fis décharger les bœufs, et ma tente fut dressée.

La pluie vint en abondance avant la nuit, mais elle ne dura pas long-temps; elle était à peine cessée que déjà je rôdais de côté et d'autre pour épier de petits oiseaux; dans un endroit peu écarté du campement, je vis tout-à-coup se lever à mes pieds deux de ces serpents d'un jaune doré, communs et si connus dans les colonies sous le nom de *kooper-càpel.* Ces reptils se dressèrent à ma vue, enflant prodigieusement leurs têtes, et sifflant de manière à m'effrayer. Je lâchai mon coup; je savais que la morsure de ces animaux est mortelle, et que la faculté de s'élancer les rend d'autant plus dangereux; l'un des deux tomba mort, l'autre rentra dans son trou. Je m'assurai de celui qui me restait : il avait cinq pieds trois pouces de longueur, et neuf pouces de circonférence dans sa plus forte épaisseur; outre une infinité de petites dents très-aiguës et difficiles à distinguer, qui garnissaient sa gueule, il portait de chaque côté de la mâchoire supérieure, à la hauteur des narines, un crochet de cinq lignes de long, jouant dans sa charnière, et qu'il pouvait retirer, comme les griffss du chat ou du tigre. Mes Hottentots en cassèrent un. Comme j'aimais beaucoup à les entendre disserter sur l'histoire naturelle, peut-être parce que je trouvais plus de vérité dans les raisonnements tout grossiers de l'habitude et de l'expérience que dans les ingénieuses spéculations de nos savants, je leur fis sur mon serpent des questions auxquelles ils répondirent d'une façon plus satisfaisante encore que je ne m'y étais attendu; ils ne manquèrent pas de me faire observer, entre autres singularités, que cette dent creusée en gouttière était le conducteur qui versait le venin dans la plaie qu'elle-même avait faite. Telle est, si je ne me trompe, l'histoire du boicininga, autrement serpent à sonnettes, que j'ai souvent rencontré dans l'Amérique méridionale.

Je remarquai, dans cette occasion, toute la frayeur que ces animaux inspirent aux singes. Il n'était pas possible de faire approcher Keès du serpent dont je venais de m'emparer, quoiqu'il fut entièrement expiré; je parvins cependant, pour m'amuser un moment, à le lui attacher à la queue; alors, ne faisant pas un mouvement que le serpent n'en fît un autre, il est aisé de juger à quels sauts, à quels bonds, à quelle impatience, à quelle fureur se livra mon Keès pendant tout le temps que je laissai son fatal ennemi attaché à sa queue.

Lorsque la nuit fut close, nous aperçûmes, dans le lointain, un feu qui devait être, autant que l'obscurité nous permettait d'en juger, sur le sommet de quelque montagne, à trois lieues, plus ou moins, de distance. Malgré cet éloignement, dont nous n'étions pas sûrs, mes Hottentois croyaient apercevoir les ombres de quelques hommes qui passaient et repassaient devant le feu; ma lunette m'eut bientôt convaincu qu'ils avaient raison. Mais étaient-ce des Cafres? étaient-ce ces détestables Bossismans, ennemis de toutes les nations, voleurs de profession, avec lesquels il n'y a aucune espèce d'accommodement à espérer? Nous nous arrêtâmes à ce dernier soupçon, attendu que jamais les Cafres n'habitent la hauteur des montagnes; nous eûmes la précaution d'éteindre nos feux, et le reste de la nuit se passa tranquillement.

Le premier soin, à notre réveil, fut de tâcher de découvrir plus positivement d'où venait et de qui étaient le feux que nous avions aperçus: on ne pouvait désirer de temps plus favorable pour découvrir la fumée. Il nous parut que les feux étaient éteints;

elle ne se montrait plus : ainsi, privé d'un point fixe de direction, nous allions nous engager dans des gorges et des défilés où nous risquions de ne plus nous reconnaître ; cependant, comme mes gens, dans la persuasion que ce n'étaient point des Cafres, paraissaient répugner moins à suivre notre route de ce côté, aux risques de tout ce qui pouvait en arriver, et que nos desseins nous y conduisaient assez naturellement, nous empaquetâmes à l'instant nos équipages, et fîmes nos adieux à Keès-Fontein.

Nous eûmes à traverser une espèce de bois où les mimosa étaient en grand nombre, tellement épais et si remplis d'ailleurs de broussailles qu'à peine pouvions-nous faire dix pas sans être obligés de nous arrêter pour nous frayer un passage. J'en étais cruellement contrarié, surtout à cause de nos bœufs, qui s'écartaient sans cesse pour se tracer des chemins de côté et d'autre. Nous sortîmes à la fin de cette cruelle forêt ; mais je suis persuadé qu'après tant de fatigues, de tours et de détours, qui durèrent l'espace de trois heures, nous ne nous trouvions pas à plus d'une lieue de Keès-Fontein. Nous avions devant nous un fourré à peu près pareil à celui que nous venions de traverser ; pour l'éviter, nous le longeâmes, en prenant notre direction plus au sud-ouest.

Couverts de sueur et de poussière, accablés de chaleur, après plus de six heures de marche, nous nous arrêtâmes à côté d'une lagune qui se présentait à nous fort à propos. Un de nos chiens, qui s'était considérablement échauffé à la poursuite du gibier, faillit périr; je l'eusse perdu si Zean, qui l'aperçut dans l'eau, ne s'y fut lancé sur-le-champ pour l'en tirer. J'appuie sur cette circonstance, qui paraît au moins indifférente au commun des lecteurs, pour établir un fait dont je n'ai été témoin qu'en Afrique. Sitôt qu'un chien très-échauffé se jette à l'eau pour se rafraîchir, il meurt presque aussitôt s'il n'est secouru à temps. Dans une chasse avec M. Boers, un grand lévrier précédait sa voiture d'une centaine de pas; il entra dans un ruisseau que nous devions traverser après lui; ils expirait lorsque nous arrivâmes.

IX.

A peine campés et rafraîchis, j'envoyai quelques Hottentots à la découverte, du côté surtout qui nous avait inquiétés pendant la nuit. En moins d'une heure j'eus des nouvelles de ce message : je vis arriver un de mes gens accourant pour me dire qu'il avait aperçu une troupe de Cafres en marche. Aussitôt il nous conduisit, Hans et moi, par des détours, et nous mit à portée de nous instruire par nos yeux de ce que ce pouvait être. Nous vîmes, en effet, dix hommes qui conduisaient paisiblement quelques bêtes à cornes. N'ayant rien à craindre d'un si petit nombre, nous nous présentâmes à une certaine distance. Le premier mouvement de ces gens effrayés, surtout par nos armes à feu, fut de prendre la fuite; mais Hans, leur criant, dans leur langue, qu'ils pouvaient s'approcher avec confiance, les fit arrêter sur-le-champ. Il se détacha pour aller leur parler; lorsqu'il les eut convaincus que j'étais l'ami des Cafres, ils approchèrent tous. Je les reçus familièrement, et leur présentai la main en les saluant d'un tabé. Leur frayeur disparut à la vue de ma barbe : ils avaient ouï parler de moi par ceux que j'avais reçu dans mon camp de Koks-Kraal. L'un deux était de la connaissance de Hans, qui l'avait vu dans son pays. Je les ramenerai tous à mon campement avec leurs bestiaux, et je les régalai de tabac et d'eau-de-vie. Ils me montraient mon pavillon pour me faire comprendre qu'ils étaient bien instruits; ils s'étonnaient de ne point voir mes voitures et toute ma troupe; mais, ne voulant pas qu'ils sussent à quel point ils étaient redoutés des Hottentots, je leur fis entendre que j'avais voulu faire seulement une petite tournée dans leur pays pour y prendre langue, et le parcourir ensuite plus à mon aise.

Ils me parurent empressés de savoir où se trouvaient actuellement les colons; s'ils les cherchaient encore; en un mot, quelles pouvaient être leurs intentions. Je les instruisis là-dessus comme il convenait que je le fisse. J'avais vu les colons retirés tous au Bruynjes-Hoogte, s'y tenir sur la défensive, et agités de terreurs non moins fortes que les Cafres mêmes. Ceux-ci venaient de m'apprendre que, pour regagner les hordes de leurs nations les plus voisines, il leur fallait encore, de l'endroit où j'étais, cinq grandes journées de marche : ainsi, calculant la distance qui les séparait les uns des autres, et que je portais à peu près à une soixantaine de lieues, je pouvais, sans les tromper, diminuer leur crainte, et leur faire entendre que les colons n'étaient ni en état ni dans la dispositions d'entreprendre un si long voyage. Cette déclaration les rassura. Ces pauvres gens étaient trop malheureux pour ne pas exciter ma pitié. Jamais les Cafres n'avaient été molestés comme ils l'étaient alors : outre les pertes en hommes et en bestiaux qu'ils avaient essuyées de la part des blancs, ils en faisaient encore journellement du côté des Tamboukis, nation voisine qui, profitant de leur situation critique, se répandait dans plusieurs cantons de la Cafrerie, égorgeait tout ce qui s'offrait à sa rencontre. Ainsi, pressés des deux côtés par cette diversion, les Cafres, manquant de munitions de guerre, et hors d'état de se défendre, battaient en retraite le plus qu'il leur était possible, et s'enfonçaient au plus loin vers le nord, pour éviter deux ennemis auxquels ils ne pouvaient résister. Un troisième non moins redoutable, le Bossisman, les pillait et les massacrait partout où il les rencontrait.

J'étais étonné, d'après ce que m'avaient appris ces gens, qu'ils se fussent si fort éloignés de leurs hordes ; qu'ils errassent à l'aventure, sans trop savoir où porter leurs pas. Il me dirent qu'au moment de la première incursion des blancs, on avait fait refluer précipitamment et pêle-mêle tous les troupeaux, soit du côté de la mer, soit dans d'autres endroits enfoncés de la Cafrerie ; mais que, n'entendant plus parler d'hostilités nouvelles, ils avaient risqué de quitter leurs hordes et d'aller reconnaître et ramener les bestiaux dispersés à l'aventure. Ils en avaient, en effet, une trentaine avec eux. Lorsque je leur parlai de feux que nous avions aperçus pendant la nuit, ils m'assurèrent que c'étaient les leurs, mais qu'ils n'avaient point vu les miens, qui les auraient fort inquiété. Je les questionnai aussi sur le navire naufragé; ils ne firent que me répéter ce que m'avaient appris les autres, c'est-à-dire que le navire avait effectivement péri au-dessus des côtes de la Cafrerie. D'après ces indices, je jugeai que ce malheureux événement était arrivé au-delà du pays des Tamboukis, à une hauteur de Madagascar, vers le cap de Mosambique. Ils ajoutèrent que nous rencontrerions sur notre passage une rivière trop large pour être traversée à la nage, et qu'il faudrait remonter beaucoup au nord pour la trouver guéable; que cependant on avait vu plusieurs blancs chez les Tamboukis; que, pour eux, ils avaient échangé quelques marchandises avec les mêmes Tamboukis, et surtout beaucoup de clous provenus du déchirage du navire; mais qu'étant maintenant en guerre avec ces peuples, ils ne pouvaient plus en tirer le fer dont ils avaient si grand besoin; alors ils me prièrent de leur en donner : refrain ordinaire de ces malheureux, auquel je m'étais attendu; triste prière que je payai d'un cruel refus!

Je leur distribuai de tout ce que je portais avec moi, soit verroterie, soit colifichets, briquets, amadou, et beaucoup de tabac. Ils m'offrirent et me conjurèreut d'accepter un couple de leurs bœufs; je leur fis répondre que, loin de penser à les priver d'un bien aussi précieux à des infortunés, j'aurais désiré me trouver en situation d'augmenter leurs bestiaux. Cette marque de bonté les toucha d'autant plus qu'ils regardent le blanc comme l'être le plus dangereux et le plus malfaisant qui soit sur la terre. Ils me firent avec cette timidité ingénue qui craint même de fâcher celui qu'on va louer, un aveu dont l'impression m'est long-temps restée dans l'âme : Hans me déclara de leur part, en termes très-énergiques, que je ressemblais au seul *honnête homme* de ma race qu'ils eussent jamais rencontré. Ils l'avaient vu, cet honnête homme, quelques années, auparavant, sur la rivière des Bossismans, lorsqu'ils l'habitaient, et que les colons n'avaient pu réussir à les en chasser : c'était, me disaient-ils, un homme qui, comme moi, voyageait par curiosité. Je n'eus pas de peine à reconnaître le colonel Gordon. Ils furent enchantés d'apprendre que nous etions liés d'amitié. Ils me chargèrent même de l'intéresser pour eux lorsque je serais de retour au Cap, de faire au gouverneur un rapport véridique et le tableau le plus touchant de leur misère et du cruel abandon où les avait jetés l'injustice atroce de leurs persécuteurs.

Je passai cette journée entière à m'entretenir avec ces Cafres de tout ce qui pouvait m'intéresser touchant leurs mœurs, leurs usages, leurs religions, leurs goûts, leurs ressources, et je trouvais leurs réponses toujours conformes à ce que m'avaient appris déjà les premiers que j'avais vus. Ils me contaient avec autant de bonne foi ce qui pouvait les inculper que ce qui pouvait leur faire honneur; mes Hottentots eux-mêmes les trouvaient si paisibles et si confiants qu'ils m'engagèrent, lorsque la nuit fut venue, à leur permettre de rester tout au milieu de nous. Je conservai encore quelques temps aves eux, et j'allai m'enfermer dans ma tente, afin de me disposer aux fatigues du lendemain.

Avant de me séparer des Cafres, je leur fis encore, ainsi qu'à mes Hottentots, une forte distribution de tabac, et je n'en conservai que ce qu'il nous en fallait pour nous rendre au camp : cela me procura de la place pour les oiseaux qui m'embarrassaient et pour ceux que je pourrais rencontrer en route. Ces dix sauvages nous aidèrent à empaqueter, à charger nos bœufs ; après quoi, nous souhaitant réciproquement bon voyage, nous suivîmes deux chemins opposés, eux vers le nord, nous vers le sud.

Nous mîmes trois jours entiers, pendant lesquels il ne nous arriva rien de remarquable, à gagner les bords tant désirés du Groot-Vis : cette marche forcée avait considérablement fatigué nos porteurs, et nous mêmes nous étions considérablement barrassés. Je résolus, autant pour reprendre haleine que pour voir si je ne découvrirais rien dans les environs, de passer tout le lendemain sur les bords de cette rivière. Nous étions actuellement sans inquiétude relativement à l'eau, quoiqu'à la vérité nous n'en eussions pas manqué pendant les trois jours que nous avions mis à chercher le fleuve qui devait nous conduire chez nous; mais nous ne pouvions assigner précisément le temps que nous emploierions à suivre son cours jusqu'à notre camp : il était impossible que de hautes montagnes et d'autres causes forçassent le Groot-Vis, avant de se jeter à la mer, de former quelques coudes qui nous auraient contraints de prolonger notre marche. Nous le remontâmes assez paisiblement pendant trois autres journées, mais toujours en le côtoyant; enfin, dans la matinée du quatrième, nous reconnûmes la haute montagne dont nous avions vu le revers dans les premiers jours de notre départ. Cette vue excita des cris de joie : nous allions retrouver nos foyers, notre camp, nos troupeaux, toutes nos richesses et tout notre monde ! Nous forçâmes la marche, et le soir, un peu tard à la vérité, sans qu'on nous eût découverts, nous arrivâmes au camp. Tout était plongé dans le plus grand calme; je ne pus jouir de l'étonnement délicieux de cette arrivée précipitée. Le vacarme affreux des chiens donna sur-le-champ l'éveil : on accourut à nous; on reconnut nos voix; jusqu'aux bêtes les plus insensibles, tout semblait prendre part à la joie commune; nous ne pouvions surtout nous débarrassser des chiens, qui nous étourdissaient de leurs sauts et de leurs aboiements précipités. Mais un autre spectacle ne me parut pas moins intéressant : ma famille s'était considérablement accrue. A mon départ, un petit détachement de la colonie de ces bons Gonaquois avait quitté la horde, et était venu s'établir à l'endroit même que j'avais assigné aux Cafres; ils y avaient construit plusieurs huttes nouvelles. On m'apprit, et je le vis assez par l'ordre admirable qui régnait dans le camp, que tout avait été fort tranquille pendant mon absence. On s'était entretenu de nous tous les soirs. Swanepoël me rendit, de chacun en particulier, les meilleurs témoignages. Après la première quinzaine écoulée sans apprendre de mes nouvelles, il n'avait pu, me dit-il, se défendre d'un peu de terreur : il craignait de ne plus me revoir qu'au Cap, persuadé qu'à moins que je ne rencontrasse des obstacles invincibles, je percerais toujours en avant, tant que les munitions ne me manqueraient pas.

J'avouerai bonnement que, privé pendant près d'un mois de l'aisance et des douceurs de mon camp, j'étais enchanté de m'y revoir de retour. Quelle satisfaction ne ressentais-je pas au dedans de tout l'attachement et de la fidélité de mes Hottentots, si faibles, que je n'avais pas craint d'abandonner à eux-mêmes! Il était temps de leur prouver ma reconnaissance. J'annonçai à haute voix qu'il était *samedi* : cette déclaration, qui courut bientôt de bouche en bouche jusqu'aux Gonaquois mêmes, mit le comble à l'effervescence qui les agitait; car, c'était le jour de mes largesses.

Je me vis donc, comme par le passé, entouré de ma nomreuse famille; et, tandis que tous fumaient leurs pipes, près d'un grand feu, jusqu'aux femmes gonaquoise, et que chacun savourait sa double ration d'au-de-vie, je reprenais avec plaisir le régime de la crême et du thé.

Je parlai, le lendemain, de la route que je comptais tenir; chacun en était déjà informé; je n'essuyai pas autant de remontrances et d'objections que je m'y étais attendu. Je sentais que mon voyage touchait à son terme, et que tout ce monde, épuisé de fatigue, trouvait bon tous les chemins qui paraissaient nous rapprocher du Cap ; cependant le passage par les montagnes du Sneuw-Bergen, repaire des Bossimans, faisait trembler plus d'un de mes braves. Je fixai ce départ à la huitaine, afin d'avoir le temps de réparer nos voitures, faire une nouvelle charpente pour la tente de la mienne, en couvrir la toile avec des nattes fraîches, remplacer les vieux traits avec des peaux de buffles, tués pendant mon absence, enfin couler des balles et du petit plomb ; ce qui demandait beaucoup de temps ; il n'en fallait pas moins non plus pour mettre ordre à la collection que j'avais faite en Cafrerie, et consigner, dans mon journal, le résultat de mes recherches sur ce pays et sur ces peuples. Nos amis mirent la main à l'ouvrage pour l'accélérer, un peu, et moi, je m'enfonça dans ma tente, m'empressai, tandis que ma mémoire en était encore pleine, de rédiger mes observations.

A juger les Cafres d'après ceux que j'avais vus, leur taille est généralement plus haute que celle des Hottentots, et même des Gonaquois ; ils se rapprochent cependant beaucoup de ces derniers ; mais ils paraissent plus robustes, plus fiers, plus hardis ; leur figure est aussi plus agréable : on ne leur voit point de ces visages rétrécis par le bas, ni cette saillie des pommettes de la joue, si désagréable chez les Hottentots ; ils n'ont point cette face large et plate, et les lèvres épaisses de leurs voisins, les nègres du Mozambique : une figure ronde, un nez pas trop épaté, un grand front, de grands yeux, leur donnent un air ouvert et spirituel ; et, si le préjugé fait grâce à la couleur de leur peau, il est telle femme cafre qui peut passer pour très-jolie à côté d'une Européenne.

Dans la parure, les hommes, en général, sont plus recherchés que les femmes ; ils aiment beaucoup la verroterie et les anneaux de cuivre ; presque toujours on leur voit, soit aux bras soit aux jambes, des bracelets faits avec des défenses d'éléphant; ils en scient en rouelles la partie creuse, et laissent à ces anneaux naturels plus ou moins d'épaisseur; il n'est plus question que de les polir et de les arrondir extérieurement. Ces gros anneaux ne pouvant s'ouvrir, il faut que les bras puissent y passer facilement ; ce qui fait qu'ils sont toujours aisés et qu'ils jouent continuellement l'un sur l'autre. Si l'on donne à des enfants des anneaux moins larges, à mesure qu'ils grandissent, le vide se remplit, et cette presqu'adhérence est un luxe qui flatte beaucoup ceux qu'on a ainsi décorés dès leur jeune âge. Ils se font encore des colliers avec des os d'animaux enfilés, auxquels ils savent donner la blancheur et le poli le plus parfait. Quelques-uns se contentent de l'os entier d'une jambe de mouton, et cet ornement figure assez bien sur la poitrine.

Quelquefois aussi ils remplacent cet os par une corne de gazelle au tout autre chose, selon leur caprice. On verrait, je crois, autant de variétés et de bizarreries dans leurs ajustements qu'on en voit en Europe, s'ils avaient les mêmes moyens et les mêmes ressources. Ils sont assez constants dans leurs habillements, parce qu'ils ne pourraient remplacer par aucune étoffe les peaux dont ils se couvrent.

Les occupations journalières des femmes cafres se bornent à façonner de la poterie, qu'elles travaillent aussi adroitement que leurs maris. Celles que j'avais eues dans mon camp, y ayant trouvé de la terre glaise qui leur convenait, n'avaient point perdu cette occasion de se faire des marmites et autre vaisselle à leur usage; elles n'avaient pas même manqué, à leur départ, d'emporter une grande provision de cette terre, dont elles avaient chargé leurs bœufs. Ce sont encore ces femmes, comme je l'ai dit, qui travaillent les paniers; ce sont elles qui préparent les champs à recevoir les semences; elles grattent la terre avec des pioches de bois plutôt qu'elles ne la labourent.

Les cabanes cafres, plus spacieuses et plus élevées que celles des Hottentots, ont aussi la forme plus régulière : c'est absolument un demi-globe parfaitement arrondi; la carcasse en est faite avec un espèce de treillage bien solide et bien uni, parce qu'il doit durer long-temps; on l'enduit ensuite, tant en dedans qu'en dehors, d'une espèce de torchis ou amalgame de bouse et de glaise battues ensemble, et bien uniment répandues. Ces huttes offrent à l'œil un air de propreté que n'ont certainement point les demeures hottentotes; on les croirait badigeonnées. La seule ouverture qui soit à ces cabanes est tellement étroite et basse qu'il faut se mettre à plat ventre pour y pénétrer. Cette coutume me parut d'abord extravagante et renchérir beaucoup sur celle des Hottentots; mais, comme ces huttes ne servent absolument qu'à passer la nuit, il est plus facile de s'y clore et de s'y défendre, soit contre les animaux, soit contre les surprises de l'ennemi. Le sol intérieur est enduit comme les murs; dans le centre, on ménage un petit âtre ou foyer circulairement entouré d'un rebord saillant de deux ou trois pouces pour contenir le feu et mettre la cabane à l'abri de ses atteintes ; dans le tour extérieur, et à cinq à six pouces de la cabane, on creuse un petit canal profond d'un demi-pied et qui porte autant de largeur : ce canal est destiné à recevoir les eaux. Cette précaution éloigne toute espèce d'humidité. J'ai visité et parcouru, dans différents cantons, plus de sept à huit cents huttes ; jamais je n'en ai vu une seule qui fût carrée, comme on l'a dit. D'ailleurs je crois qu'il importe peu au lecteur de savoir si ces sauvages sont logés carrément ou rondement ; mais c'est une remarque qui m'a prouvé que cette manière de vouloir tout dire décèle tôt ou tard le voyageur qui n'a pas tout vu.

Les terres de la Cafrerie étant, soit par elles-mêmes, soit par leurs positions, soit par la quantité de petites rivières qui les rafraîchissent, beaucoup plus fertiles que celle des Hottentots, il s'ensuit nécessairement que les Cafres, qui d'ailleurs s'entendent à la culture, ne sont pas nomades : le terrain qui les a vus naître les voit mourir, à moins qu'ils ne soient assaillis, je ne dis pas seulement par de barbares persécuteurs avides de leur sang, mais par quelques-uns de ces fléaux destructeurs qui n'épargnent pas plus les hommes que les animaux, et qui, dans un moment, couvrent de deuil d'immenses pays. Un logement agréable et solide, placé près d'un ruisseau, au milieu du champ défriché qu'on a reçu de ses pères, n'est-ce pas assez pour enrichir l'idiome cafre du doux nom de patrie, qui ne connaîtra jamais l'errante insouciance du Hottentot?

J'ai cependant fait une remarque qui, pour être étrange, n'en est pas moins certaine et générale : malgré les forêts et les bois superbes qui couvrent la Cafrerie; malgré ces pâturages magnifiques qui s'élèvent de façon à dérober aux yeux les troupeaux épars dans les champs, malgré les rivières, les ruisseaux qui se croisent en mille sens divers pour les rendre féconds et riants, les bœufs, les vaches et presque tous les animaux y sont plus petits que ceux des Hottentots : cette différence provient assurément de la nature de la sève, et d'un goût sûr, qui prédomine dans toutes les espèces d'herbages. J'ai fait cette observation non-seulement sur les animaux domestiques des cantons qui me sont connus, mais aussi sur tous ceux qui sont sauvages, et je les ai trouvés réellement plus petits que ceux que j'avais précédemment vus dans des pays secs et arides. J'ai remarqué, dans mon voyage chez les Namaquois, qui n'habitent que des rochers et la terre la plus ingrate peut être de l'Afrique entière, qu'ils avaient les plus beaux bœufs que j'eusse rencontrés, et qu'il n'est pas jusqu'aux éléphants et aux hippopotames qui ne fussent plus forts que partout ailleurs. Aussi le peu de pâturages qui se trouvent dans ces lieux maudits sont-ils fort doux et fort suaves. Cette qualité des plantes se distingue aisément ; j'avais, pour cela, un moyen infaillible, lorsque j'arrivais dans un canton nouveau : quand mon troupeau revenait de la pâture, je jugeais de l'âpreté des herbes par l'empressement avec lequel il se répandait dans mon camp pour y chercher, de tous côtés, les os que mes chiens avaient abandonnés : ils soulageaient leurs dents, vivement agacées, en rongeant ces os, qui, par leur nature calcaire, devaient, en effet, émousser et éteindre l'agacement et l'acidité qui les tourmentaient. Jamais nous ne jetions les os dans le feu ; lorsque nous en manquions, du bois sec ou même des pierres y suppléaient ; et même, à défaut de tout cela, ils se rongeaient mutuellement les cornes. Quand les pâturages étaient excellents, cette cérémonie n'avait jamais lieu.

Une industrie bien caractérisée, quelques arts de nécessité première, il est vrai, un peu de culture, quelques dogmes religieux, annoncent dans le Cafre, une nation plus civilisée que celles du côté du sud. La circoncision, qu'ils pratiquent généralement, prouverait assez ou qu'ils doivent leur origine à d'anciens peuples dont ils ont dégénéré, ou qu'ils l'ont simplement imitée de voisins dont ils ne se souviennent plus; car, lorsqu'on leur parle de cette cérémonie, ce n'est, selon eux, ni par religion, ni par aucune autre cause mystique qu'ils la pratiquent; ils ont pourtant une très-haute idée de l'Auteur des êtres et de sa puissance; ils croient à une autre vie, à la punition des méchants, à la récompense des bons.

Ah! si, un jour, ces bons et intrépides missionnaires, accoutumés, depuis longues années, à braver les dangers des mers lointaines pour aller planter la croix au milieu des peuplades sauvages, viennent à jeter les yeux vers cette malheureuse contrée, qu'ils s'en approchent sans crainte, le Cafre a deviné Dieu. Qu'on soulève seulement le coin du voile qui lui cache encore toutes les vertus du ciel, et bientôt le catholicisme n'aura plus de disciples ni plus zélés ni plus attachés aux beautés évangéliques.

Les Cafres se laissent gouverner par un chef général, ou, si l'on veut, une espèce de roi. Son pouvoir, comme j'ai eu occasion de l'observer, est très-borné ; ne recevant point de subsides, il ne peut avoir aucunes troupes à sa solde ; il est loin du despotisme : c'est le père d'un peuple libre ; il n'est ni respecté, ni craint : il est aimé. Souvent il est le moins riche de ses sujets, parce que la dépense que son train royal occasione de prendre, pour toutes ses dépenses, dans sa caisse particulière, je veux dire dans son camp, ses bestiaux, ses fourrages, etc., souvent il se ruine. Sa cabane n'est ni plus haute ni mieux décorée que les autres. Il rassemble sa famille autour de lui, ce qui compose un groupe de douze ou quinze huttes tout au plus. Les terres qui l'environnent sont ordinairement celles qu'il cultive. C'est un usage que chacun récolte lui-même ses grains pour en disposer à sa manière ; c'est la nourriture favorite des Cafres : ils les écrasent et les broient entre deux pierres. C'est aussi pour cette raison que, chaque famille s'isolant pour avoir ses productions à sa portée, une horde seule qui ne serait pas fort nombreuse peut occuper souvent une lieue carrée de terrain ; ce qu'on ne voit jamais chez les Hottentots ni chez les Gonaquois.

Cet éloignement des différentes hordes entre elles exige qu'on leur donne des chefs. C'est le roi qui les nomme. Lorsqu'il a à communiquer des avis intéressants pour la nation, il les fait venir et leur donne ses ordres, que je devrais appeler ses nouvelles. Les différents chefs, porteurs de ces nouvelles, retournent chez eux pour en faire part aux leurs.

L'arme du Cafre, la simple lance ou sagaie, annonce en lui un caractère intrépide et grand. Il méprise et regarde comme indigne de son courage les flèches empoisonnées, si fort en usage chez ses voisins ; il cherche toujours son ennemi face à face ; il ne peut lancer sa sagaie qu'il ne soit à découvert. Le Hottentot, au contraire, caché sous une roche, ou derrière un buisson, envoie la mort sans s'exposer à la recevoir. L'un est le tigre perfide, qui fond traîtreusement sur sa proie; l'autre est le lion généreux, qui s'annonce, se montre, attaque, et périt s'il n'est pas vainqueur. L'inégalité des armes n'est point capable de le faire balancer : son courage et son cœur sont tout pour lui. En guerre, à la vérité, il porte un bouclier d'environ trois pieds de hauteur, fait de peau de buffle prise dans la partie plus épaisse : cela lui suffit pour le défendre des flèches et même des sagaies ; mais cette arme défensive ne le met pas à l'abri de la balle. Le Cafre manie encore avec beaucoup d'adresse une arme non moins terrible que la sagaie, lorsqu'il a joint son ennemi : c'est une massue de deux pieds et demie de hauteur faite d'un seul morceau de bois ou de racine de trois à quatre pouces de diamètre, dans sa plus grande épaisseur, et qui va en diminuant par l'une des extrémités. Il frappe avec cet assommoir; quelquefois même il le lance à quinze ou vingt pas. Il est rare qu'il n'atteigne pas au but qu'il s'est proposé. J'ai vu un de ces sauvages tuer ainsi une perdrix dans le moment où elle s'élevait pour s'envoler.

Le pouvoir souverain est héréditaire dans la famille du roi; son fils aîné lui succède toujours; mais, à défaut d'héritiers mâles, ce ne sont point les frères, mais les plus proches neveux qui succèdent. Dans le cas où le souverain ne laisserait ni enfants ni neveux, c'est alors parmi les chefs des différentes hordes qu'on choisit un roi. Quelquefois l'esprit de parti s'en mêle : de là la fermentation et les brigues, qui finissent toujours par des scènes sanglantes.

Le mariage est, chez les Cafres, encore plus simple que chez les Hottentots. Les parents du futur sont toujours contents du choix qu'il a fait; ceux de la future y regardent d'un peu plus près : mais il est rare qu'ils fassent de grandes difficultés. On se réjouit, on boit, on danse pendant des semaines entières, plus ou moins, selon la richesse des deux familles. Ces fêtes n'ont jamais lieu que pour les premières épousailles ; les autres se font, pour ainsi parler, à la sourdine.

Les Cafres ne font pas plus de musique, n'ont pas d'autres instruments que les Hottentots, si ce n'est que j'ai vu, chez l'un d'eux, une mauvaise flûte qui ne mérite pas qu'on en parle. A l'exception du pas anglais, leurs danses sont à peu près les mêmes.

A la mort du père, les enfants mâles et la mère partagent entre eux la succession ; les filles n'héritent point : elles restent avec leurs frères ou leur mère, jusqu'à ce qu'elles conviennent à quelque homme ; si cependant elles se marient du vivant de leurs parents, elles ne reçoivent pour dot que quelques pièces de bétail en proportion de la richesse des uns et des autres.

On n'enterre point ordinairement les morts : ils sont transportés hors du kraal par la famille, et déposés dans une fosse ouverte et commune à toute la horde. C'est là que les animaux viennent se repaître à loisir ; ce qui purge l'air, que gâterait bientôt la corruption de plusieurs cadavres entassés. Les honneurs de la sépulture ne sont dus qu'au roi et aux chefs de chaque horde ; on couvre leurs corps d'un tas de pierres amassées en forme de dôme : c'est de là que provient cette suite de petits monticules qu'on voyait autrefois rangés sur une même ligne, dans les environs du Bruyties-Hoogte, ancienne domination des Cafres.

Je ne pousserai pas plus loin ces détails ; j'en ai dit assez pour montrer à quel point un peuple diffère du peuple son voisin, quand il n'y a point d'autre communication entre eux que celles qu'établissent des guerres sanglantes et d'éternelle inimitiés.

X.

Le huitième jour, ce jour heureux qui devait nous ropprocher du Cap, parut enfin. Je fis une revue générale de mes chariots, équipages, bœufs, attelages, etc. ; j'avais mis en ordre mes nouvelles collections et repassé les plus anciennes ; les balles que j'avais commandées étaient prêtes, et le plomb nécessaire à la chasse était coulé ; mes bœufs, qui, depuis long-temps se reposaient, et n'avaient pas manqué d'excellents pâturages, étaient à pleine peau et dans le meilleur état possible ; en un mot, j'étais prêt à partir. J'accordai deux jours de plus pour prendre congé de nos bons voisins et nous divertir avec eux.

La nouvelle de ce départ définitif s'étant répandue, je vis bientôt arriver toute la horde par pelotons, hommes et femmes. Haabas était à leur tête; tout ce qui avait pu marcher le suivait : ils accouaient pour nous faire leurs adieux et recevoir les nôtres. Que j'étais aise qu'ils vinssent passer ces deux derniers jours avec moi! Le bon Haabas me présenta quatre ou cinq Gonaquois d'une autre horde que la sienne, et qui, ayant ouï parler de moi, avaient été députés pour m'engager à aller visiter leur canton : il était trop tard; mais j'adoucis mon refus, en leur promettant de me souvenir de leur tendre invitation, au premier voyage que j'entreprendrai dans ces contrées.

Tant que durèrent ces quarante-huit heures, on se livra, de part et d'autre, à tous les excès de la folie et de la joie; mon eau-de-vie ne fut pas épargnée, non plus que l'hydromel que Haabas avait fait exprès préparer et apporter avec lui. Je donnai à Haabas et à tout son monde tout ce qu'il me fut possible de leur donner, sans me faire de tort à moi-même et me priver de toutes ressources pour mon retour; le tabac fut surtout réparti entre ces braves gens jusqu'à profusion : je n'en gardai que pour les miens et le temps du retour.

Ensuite je pris à part le glorieux Haàbas, et le pressai avec tendresse, même avec émotion, de suivre les conseils que je lui avais donnés pour son salut et celui de toute la horde ; je m'efforçai de lui persuader que la tranquillité apparente des colons, toujours assemblés dans le même endroit, couvait quelque nouveau projet, et, par conséquent, de nouvelles trahisons ; que, son kraal étant placé précisément entre les colons et les Cafres, il pouvait, tôt ou tard, devenir la victime des uns et des autres.

Il me promit qu'il s'éloignerait lorsque je serais parti ; qu'il ne s'y était pas déterminé plus tôt, pour se ménager le plaisir de me voir encore une fois à mon retour de la Cafrerie, mais il ajouta, avec cette cordialité, cet amour dont il m'avait déjà donné tant de preuves, que, si les temps devenaient plus heureux, c'est-à-dire si la paix se rétablissait, sa résolution était prise de venir s'installer dans mon camp, tant en mémoire d'un bienfaiteur que parce qu'on ne pouvait choisir un endroit plus agréable.

Le 4 novembre arriva ; je partis... Je tenterais vainement de peindre la consternation de ces malheureux Gonaquois : on eût dit que je les livrais aux bêtes féroces, et qu'ils perdaient tout en me perdant ; je peindrais moins encore ce qui se passait dans mon âme. J'avais donné le signal : mes hommes, mes chariots, tous mes troupeaux déjà étaient en marche ; je suivis ce convoi avec lenteur, traînant mon cheval par la bride ; je ne regardai plus derrière moi ; je ne prononçai plus un seul mot, et je laissai mes larmes soulager la vive impression de mon cœur.

« Mes bons amis, mes vrais amis, je ne vous reverrai plus !... Quelle que soit la cause des tendres sentiments que vous m'aviez jurés, soyez tranquilles : la source n'en est pas plus pure en Europe que parmi vous ; soyez tranquilles : aucune force n'est capable d'en affaiblir la mémoire ; plein de confiance en mes adieux, mes regrets et mes larmes, vous m'aurez peut-être attendu longtemps ! Dans vos calamités, votre simplicité décevante vous aura peut-être plus d'une fois ramenés aux lieux chéris de nos rendez-vous, de nos fêtes ; vous m'aurez vainement cherché ; vainement vous m'aurez appelé à votre secours ; je n'aurais pu ni vous consoler, ni vous défendre ! d'immenses pays nous séparent pour jamais... Oubliez-moi ; qu'un fol espoir ne trouble pas la tranquillité de vos jours : cette idée fera le tourment de ma vie. J'ai repris les chaînes de la société ; je mourrai, comme tant d'autres, apesanti sous leur poids énorme ; mais je pourrai du moins m'écrier à mon heure dernière : Mon nom s'efface déjà chez les miens, quand la trace de mes pas est encore empreinte chez les Gonaquois ! »

D'après les indications que j'avais reçues, j'estimais que nous trouverions le Snew-Bergen à l'ouest; qu'ainsi, laissant les Bruyntjes-Hoogte à ma gauche, et traversant la chaîne de montagnes qui en porte encore le nom, quoiqu'elle s'en éloigne beaucoup, nous devions infailliblement arriver à celles de neige, à quarante ou cinquante lieues environ, suivant les détours que me forceraient de prendre mes voitures et tout mon bagage.

J'avais ouï parler si diversement de ces gattes ou montagnes que, dévoré du plus ardent désir de les voir par moi-même et de les traverser à mon aise, je ne pouvais y arriver assez tôt à mon gré ; prévenu d'ailleurs que leur élévation et la froidure de leurs sommets les rendent inhabitables pendant plusieurs mois de l'année, ce climat nouveau nous promettait des productions nouvelles, et des variétés de plus d'un genre, bien dignes assurément de piquer ma curiosité.

Là chaleur était excessive; nous n'en fîmes pas moins de six grandes lieues. A une heure après-midi, nous nous arrêtâmes sur les restes d'un kraal horriblement dévasté ; sa triste horde avait probablement été surprise et massacrée sur place; la terre était jonchée d'ossements humains et de parties de cadavres : révoltant spectacle que nous nous empressâmes de fuir.

Remis en route à quatre heures du soir, trois heures de marche nous conduisirent à une habitation délaissée, dont on avait seulement enlevé les meubles. Je me proposai d'y passer la nuit ; mais à peine nous y fûmes-nous établis que des démangeaisons extraordinaires parcoururent tout mon corps; je me découvris la poitrine : elle était noircie d'essaims innombrables de puces. Mes Hottentots ne furent pas non plus entièrement exempts des atteintes de cette vermine importune. Nous quittâmes sur-le-champ ces lieux empoisonnés, que mes gens nommèrent le *Camp-des-Puces*, pour aller nous établir plus loin, sur les bords d'un ruisseau limpide et très riant : je m'y plongeais tout entier, sans même me donner le temps de me déshabiller ; j'avais le corps absolument truité. Klaas me conseilla, au sortir de ce bain, de me laisser frotter à la manière des sauvages : je fus donc graissé et boughoué pour la première fois de ma vie, et je fus soulagé. Quoique nous ne nous fussions arrêtés qu'un quart d'heure dans cet endroit malencontreux, mes chiens et mes chariots étaient couverts de ces insectes ; l'opération balsamique à laquelle je venais de me livrer était le seul moyen de m'en garantir jusqu'à ce que le temps ou le premier orage eût achevé de nous en purger tout-à-fait : en raison de ce procédé familier à mes Hottentots, ils en avaient été moins assaillis que leur maître.

Le nouveau site que nous venions occuper, et sur lequel nous passâmes la nuit, n'était pas sans agrément : nous étions flanqués, au nord, par des forêts immenses de ces mêmes arbres dont j'ai parlé plus haut ; la plaine était couverte de mimosa, que les colons nomment *dooren-boom* : j'eus le plaisir de les voir en pleine fleur ; circonstance heureuse pour moi, et que je n'avais garde de négliger ; car, comme je l'ai dit, les fleurs de cet arbre attirent une quantité d'insectes rares qu'on ne trouve communément que dans cette saison, et ces mêmes insectes font arriver des volées de toute espèces d'oiseaux auxquels ils serv nt de nourriture ; je me fixai donc dans cette plaine, où je m'amusai à varier mes campements. J'eus lieu de présumer que toute cette lisière qui borde la forêt avait été autrefois habitée par les Cafres : nous n'y pouvions faire un pas sans rencontrer des restes de huttes antiques plus ou moins dégradées par le temps. Je trouvai sans peine les deux espèces de gazelles Gnou et Spring-Bock. Le silence des nuits ne me parut jamais plus majestueux qu'en cet endroit : les rugissements des lions résonnaient autour de nous à des intervalles égaux ; mais les conversations de ces dangereuses bêtes féroces ne pouvaient nous effrayer après plus de douze mois d'habitude au milieu d'elles, et n'interrompaient nullement notre sommeil. Nous ne relâchions cependant pas de nos précautions ordinaires. J'augmentais de jour en jour mes collections, et je les enrichis là d'un oiseau magnifique, inconnu des ornithologistes : mes gens lui donnèrent le nom de *Uyt-Lager* (le moqueur). Il suffisait qu'il aperçût un de nous, ou même un de nos animaux, pour que son espèce arrivât par vingtaine sur les branches qui nous avoisinaient le plus ; et là, dressés perpendiculairement sur leurs pieds, et se balançant tout le corps de côté et d'autre, ils nous assourdissaient de ces syllabes répétées avec précipitation, GRA, GA, GA, GA. Les pauvres bêtes semblaient se livrer à discrétion ; nous en tuâmes tant que nous en voulûmes. Cet oiseau est à peu près de la grosseur du merle ; son plumage vert doré a le reflet pourpre ; sa queue longue a la forme d'un fer de lance ; elle est, de même que les pennes de l'aile, agréablement tachetée de blanc ; le bec, courbe et long, est remarquable, ainsi que ses pieds, par une couleur du plus beau rouge ; il grimpe le long des branches pour y chercher des insectes dont il se nourrit, et qui se cachent sous l'écorce, qu'il détachent très-adroitement avec son bec.

Il ne faut pas croire que ce soit un grimpereau, quoiqu'il paraisse y ressembler : des qualités qui lui sont propres, comme on le verra, le séparent de cette classe.

Ayant, un soir, remarqué que, sans précautions et sans que notre présence leur inspirât la moindre crainte, ils venaient tous se coucher en foule dans différents trous creusés autour d'un tronc d'arbre près duquel nous étions campés, je fis boucher plusieurs de ces trous ; le lendemain, en levant avec précaution le scellé, j'eus le plaisir de les prendre par le bec, à mesure qu'ils se présentaient pour sortir. Cette chasse est assurément bien facile et bien simple. On peut se procurer, de la même façon, toutes les espèces de pics et de barbus ; mais ceux-ci, choisissant une retraite plus cachée que les premiers, sont aussi plus difficiles à découvrir. Il est une règle que je crois assez générale : c'est que tous les oiseaux qui ont deux doigts devant comme derrière se retirent dans des creux d'arbres pour y passer la nuit ; il est cependant d'autres espèces douées du même instinct, telles que les mésanges, les torchepots, etc.

Il serait imprudent de passer la main dans les trous dont je viens de parler, car souvent il s'y rencontre de petits quadrupèdes de la grosseur du rat ; souvent aussi des serpents s'y introduisent pour dévorer les œufs ou les oiseaux ; et, quoique ces reptiles, pour la plupart, ne soient point malfaisants, ils ne laissent pas de causer une grande frayeur, dont on n'est pas le maître. L'espèce nommée *koo-per capel*, dont j'ai déjà parlé, monte fort bien dans les arbres, et pourrait aussi se réfugier dans quelques-uns de ces trous : ce serait alors plus qu'une épouvante, et l'on paierait cher son imprudente curiosité.

Le 16, nous nous remîmes en route. En cinq

campements différents, j'avais battu tout le canton que nous quittions. Après trois heures de marche, je trouvai le Klein-Vis-Rivier ; je ne pus aller plus loin ce jour-là : nous perdîmes beaucoup de temps à chercher un endroit de la rivière qui fut guéable pour nos voitures ; elles avaient déjà failli d'y culbuter.

Le jour suivant, nous traversâmes heureusement. Une habitation délaissée vint encore s'offrir à mes regards ; je ne fus pas même tenté d'y approcher. Quelques lieues plus loin, nous retrouvâmes des mimosa en très-grande quantité, et tout aussi fleuris que ceux que je venais d'abandonner la veille. Je résistai d'autant moins à la tentation de m'arrêter aux bords de ces forêts que j'y rencontrai des oiseaux que je n'avais vus nulle part, et, pour la seconde fois, ce genre de perroquet dont j'ai parlé plus haut. Je m'écartai un peu, et me trouvai dans une espèce de petite prairie, au milieu d'un bois de haute futaie. Ce désert paisible favorisait mes opérations, et me parut commode pour mes équipages ; mais comment les y faire arriver à travers des broussailles, des arbres et des branches qui se croisaient en mille sens divers ? Nous avions franchi des obstacles plus insurmontables ; celui-ci céda, comme tous les autres, à nos efforts. Le 19, après beaucoup de peines et de fatigues, nous en vînmes à bout; seulement, j'eus le malheur de perdre un de mes bons timonniers, qu'une voiture entraîna avec tant de violence contre un mimosa que les épines de cet arbre pénétrèrent et se rompirent dans l'omoplate de l'animal. Nous retirâmes, comme nous pûmes, toutes celles qui étaient encore apparentes ou que nous pouvions mordre avec nos tenailles; mais tout notre art n'allant pas au-delà, celles qui s'étaient plus enfoncées et que nous ne pouvions saisir ni même apercevoir occasionèrent une inflammation telle que, vingt-quatre heures après, toutes les consultations de mes meilleurs Esculapes se réduisirent au parti d'assommer le malade; ce qui fut exécuté sur-le-champ.

Les touracos fourmillaient également dans ce bois; ils y étaient moins sauvages, et me paraissaient plus grands que ceux du pays d'Auteniquoi. J'y trouvai une espèce nouvelle de calao; et, parmi d'autres que je n'avais point vues jusque-là, je distinguai un merle à ventre orangé, qui, outre le plaisir que me causait sa découverte, me fournit encore l'occasion de juger de la simplicité des Hottentots.

Ce fut Pit qui, le premier, m'apporta cet oiseau; il était femelle. J'ordonnai à ce chasseur de retourner sur le-champ dans l'endroit où il l'avait tué, ne doutant point qu'il n'y rencontrât le mâle ; mais il me pria de l'en dispenser, n'osant pas, ajoutait-il, prendre sur lui de le tirer. J'insistai. Quel fut mon étonnement lorsque je le vis, d'un air affligé et d'un ton presque lamentable, m'attester qu'il lui arriverait certainement quelque malheur; qu'à peine avait-il mis à bas la femelle, le mâle s'était acharné à le poursuivre, en lui répétant sans cesse : PITME WROU, PITME-WROU ! Il faut observer que ces trois mots sont en effet les cris de cet oiseau : je m'en suis mieux convaincu que par les vaines terreurs de ce Pit, lorsque j'ai eu, dans la suite, l'occasion de tirer moi-même de ces merles. Les syllabes qu'il prononça et qui avaient effrayé mon chasseur, sont trois mots hollandais qui signifient Pit ou Pierre, ma femme ; il s'était imaginé que l'oiseau, l'appelant par son nom, lui redemandait sa compagne. Il me fut impossible de tranquilliser l'imagination frappée de cet homme, qui refusa toujours de tirer sur ces oiseaux. S'il lui fût malheureusement arrivé un accident durant nos marches et nos chasses, quelle qu'en eût été la cause, ses camarades n'eussent pas manqué de l'attribuer au massacre du premier de ces merles; cette croyance, fondée sur des faits que j'eusse été moi même en état d'attester, aurait pu consacrer, au sein des déserts d'Afrique, le premier miracle d'une religion naissante.

Je rencontrai, partout dans la forêt, une espèce de singes cercopithèques à face noire ; mais je ne pouvais jamais les atteindre : sautant d'un arbre à l'autre, comme pour me narguer, un clin-d'œil voyait tour à tour paraître et disparaître ces cercopithèques turbulents. Je me fatiguai vainement à leur poursuite ; cependant, un matin que je rôdais aux environs de mon camp, j'en aperçus une trentaine assis sur les branches d'un arbre, et présentant leurs ventres blancs aux premiers rayons du soleil. Celui qu'ils avaient choisi était assez isolé pour que l'ombre des autres ne les gênât pas. Je gagnai, par le taillis, l'endroit qui m'en approchait le plus, sans être découvert ; et de là, prenant ma course, j'arrivai à leur arbre avant qu'ils eussent eu le temps d'en descendre. J'étais certain qu'aucun d'eux ne s'était échappé; malgré cela, je n'en pus apercevoir un seul, quoique je tournasse de tous côtés et mes regards et mes pas, et que je fisse le plus sévère examen de l'arbre où je savais qu'ils étaient cachés. Je pris le parti de m'asseoir à quelque distance du pied, et de guetter de l'œil, jusqu'à ce que j'aperçusse quelque mouvement; je fus payé de ma constance ; après un assez long espace de temps, je vis enfin une tête qui s'alongeait pour découvrir apparemment ce que j'étais devenu ; je l'ajustai, l'animal tomba. Je m'étais attendu que le bruit du coup allait faire déguerpir toute la troupe ; c'est ce qui n'arriva cependant pas, et, pendant plus d'une demi-heure encore que je gardai mon poste, rien ne remua, rien ne parut. Lassé de ce manége fatigant, je tirai au hasard plusieurs coups dans les branches de l'arbre, et j'eus le plaisir d'en voir tomber deux autres ; un troisième, qui n'était que blessé, s'accrocha par la queue à une petite branche, un nouveau coup le fit arriver à son tour. Content de ce que je m'étais procuré, je ramassai mes quatre singes, et je marchai vers mon camp. Lorsque je fus à une certaine distance de l'arbre, je vis toute la troupe, qui avait calculé mon éloignement, descendre avec précipitation et gagner l'épaisseur du bois, en poussant de grands cris : je jugeai, à quelques traîneurs qui suivaient péniblement, boitant du devant ou du derrière, que mes plombs en avaient blessé plusieurs ; mais, dans cette fuite précipitée, je ne remarquai point, comme l'ont dit quelques voyageurs, que les mieux portants aidassent les estropiés en les chargeant sur les épaules pour ne point retarder la marche commune; et je crois qu'à leur égard, ainsi qu'à celui des Hottentots poursuivis en guerre, la nature est la même, et qu'on a déjà trop de veiller à son propre salut, pour s'occuper de celui des autres.

De retour à ma tente, j'examinai ma chasse: cette espèce de singe est d'une grandeur moyenne ; son poil, assez long, est généralement d'une teinte verdâtre ; il a le ventre blanc, comme je l'ai déjà dit, et la face entièrement noire ; ses fesses sont calleuses ; cette partie nue est, ainsi que celles de la génération du mâle, d'un très-beau bleu. Dans le moment où j'examinais ces animaux, Keès entre dans ma tente. Je crois qu'il va jeter les hauts cris en apercevant ses camarades, quoique d'une espèce différente de la sienne ; il me parut qu'il ne craignait pas autant les morts que les vivants : il montre de l'étonnement, il les considère l'un après l'autre, les tourne et retourne en tous sens pour les examiner, comme il me l'avait vu faire. Il n'était pas, je crois, le premier singe qui voulût trancher du naturaliste ; mais un secret motif, beaucoup moins généreux, le pressait fortement : il avait découvert des trésors en tâtant les joues des quatre défunts ; je le vis bientôt se hasarder à leur ouvrir la bouche, tirer, aux uns et aux autres, des amandes tout épluchées de l'arbre *géel-hout*, et les entasser dans la sienne.

Le campement que j'occupais devenait intéressant et riche pour moi ; il était, de plus, agréable à mes gens et très-abondant pour mes bestiaux ; aussi j'y restai jusqu'au 28, et ne le quittai qu'avec beaucoup de regret : c'est un de ceux où je sens qu'il m'eût été difficile d'oublier qu'il est d'autres climats, d'autres mœurs, d'autres plaisirs.

Dès le matin du jour suivant, nous délogeâmes, et, trois heures plus tard, quelques sauvages hottentots s'offrirent à notre rencontre. Ils conduisaient devant eux des moutons, et faisaient route pour rejoindre leurs hordes respectives, dont ils s'étaient éloignés dans je ne sais quel dessein. Je leur payai généreusement un couple de leurs bêtes, dont j'avais besoin ; nous marchâmes avec eux pendant plus d'une heure ; après quoi, leur destination n'étant plus la nôtre, ils nous quittèrent pour regagner leurs kraals. A quelques lieues de là, nous fûmes arrêtés, trois heures après, par le Klein-Vis, qui, depuis que nous l'avions traversé, s'offrait à nous pour la troisième fois. Les roues d'une de mes voitures commençaient à se déboîter ; les rayons jouaient tellement dans les moyeux que le moindre cahot nous faisait trembler. Une plus longue marche eût augmenté le mal ; il fut résolu que nous resterions campés quelques jours pour le réparer : c'est à cette place que, deux jours après, suivant le nouveau style de mon calendrier, nous passâmes le premier jour de l'an 1782.

Les Hottentots, qui ne comprennent rien à l'année solaire, sont éloignés de connaître l'étiquette de premier jour qui la commence ; ainsi point de compliments de notre part, et, par conséquent, point de faux serments et d'hypocrites protestations : je me donnai seulement, pour mes étrennes, un chapeau neuf que je n'avais pas encore retapé, et l'on tira au blanc celui que je quittai. Klaas fit voler la bouteille en mille pièces. Je ne saurais peindre la joie qu'il ressentit d'avoir remporté ce prix, qui ajoutait à sa garde-robe un meuble précieux, une parure plus magnifique encore que la culotte usée dont je lui avais fait cadeau lors de mon entrée solennelle chez les Gonaquois.

Le lendemain, tandis que nous étions occupés de notre chariot et de ses roues, la joie se répandit tout-à-coup sur tous les visages. Lorsque je demandai la cause de cette vive émotion, on s'approcha de moi pour me faire remarquer, dans le lointain, un nuage qui s'avançait vers nous. Je ne voyais rien à ce phénomène qui dût si fort nous réjouir; ce ne fut que lorsque ce prétendu nuage nous eut gagnés, que je distinguai qu'il n'était formé que par des millions de sauterelles qui faisaient route On m'avait beaucoup parlé de l'émigration de ces insectes, qui s'assemblent tous les ans par bandes innombrables et quittent les lieux qui les ont vus naître pour aller s'établir ailleurs; mais je les voyais pour la première fois. Celles-ci voyageaient en si grand nombre, que l'air en était réellement obscurci; elles ne s'élevaient pas beaucoup au-dessus de nos têtes: elles formaient une colonne qui pouvait embrasser deux à trois mille pieds de largeur, et, montre à la main, elles mirent plus d'une heure à passer. Ce bataillon était tellement serré qu'il en tombait comme une grêle; mon Keès les croquait à plaisir, en même temps qu'il en faisait provision.

Mes gens s'en firent aussi un régal; ils me vantèrent si fort l'excellence de cette manne que, cédant à la tentation, je voulus m'en régaler comme eux: mais, s'il est vrai, comme on l'assure, qu'en Grèce, et nommément dans Athènes, les marchés publics étaient toujours fournis de cette nourriture, et qu'elle faisait les délices des gourmets de ce temps, j'avoue de bonne foi que j'aurais mal figuré parmi ces acridophages, à moins qu'avec le goût des Grecs, le ciel ne m'eût fait jouir d'une constitution différente.

XI.

Nous partîmes enfin le 3 janvier ; et, laissant derrière nous la chaîne des montagnes de Bruyntjes-Hoogt, nous aperçûmes au nord celles de Sneuwbergen, après lesquelles nous aspirions depuis si longtemps. Quoique nous fussions parvenus à la saison des plus fortes chaleurs, nous découvrions encore la neige dans les anfractuosités et les enfoncements les plus rapprochés du sommet de ces formidables montagnes. Tandis que je m'amusais à les considérer avec ma lunette, mes Hottentots m'annoncèrent qu'ils voyaient paraître un blanc. Cette nouvelle m'inspira le plus vif intérêt : il y avait tant de temps que je n'avais vu des hommes de cette couleur ! Celui-ci avait fait une assez longue route, uniquement dans le dessein de se procurer du sel dans un lac situé près de Swaar-Korps-Rivier. Je le joignis, et m'entretins quelque temps avec lui. Il ne put retenir ses larmes en me contant que, dans le commencement de la guerre avec la Cafrerie, contre laquelle il n'avait jamais voulu se liguer, à l'exemple des autres colons, il avait eu le malheur, lui, sa femme, son fils unique et quelques Hottentots, d'être attaqués, pendant la nuit, par des Cafres, qu'ils avaient toujours ménagés ; que chacun s'était précipitamment caché dans des buissons ; mais que, le jour venu, la troupe s'étant rejointe, il y avait trouvé son fils percé de mille coups de sagaie, à la place même où nous étions actuellement arrêtés l'un et l'autre. Le récit de cet infortuné père me pénétra de douleur ; je n'essayai point de calmer la sienne : le plus morne silence exprimait mieux que de vains discours tout ce qu'il devait attendre de consolations de la part d'un être sensible. Il avouait cependant que les Cafres étaient fondés dans leurs haines, mais qu'il était bien malheureux pour les innocents que les effets n'en retombassent pas sur les vrais coupables.

Je le priai, pour le distraire un peu, de passer la nuit près de moi; je le traitai de mon mieux; je le régalai de mon meilleur thé, et lui donnai d'excellent tabac. Les écarts de la conversation nous conduisirent, je ne sais comment, sur l'article des chevaux: il me dit qu'un de ses amis, habitant du Swaar-Konps, lui en avait fait voir un qu'il avait pris à la chasse, et que, n'ayant pu découvrir à qui il appartenait, il le gardait chez lui. Cela me rappela celui que j'avais abandonné sur les bords du Krom-Rivier à la sortie du Lange-Kloof, il y avait sept ou huit mois. D'après le signalement que je lui en donnai, il demeura si convaicu que c'était mon cheval qu'il m'offrit aussitôt de me laisser choisir une couple de ses bœufs, si je voulais le lui céder, et lui donner une lettre pour qu'il pût l'envoyer chercher. Mon cheval valait certainement plus que ce qu'il m'offrait; mais, calculant, d'un côté, les difficultés et les retards d'une route longue et pénible, et, de l'autre, le service que je pouvais sur-le-champ tirer des deux bœufs qu'il m'offrait; voulant d'ailleurs lui donner une marque d'estime et d'amitié, je ne balançai point à accepter sa proposition, et lui donnai un billet pour réclamer mon cheval.

Je pris toujours ma marche vers les Sneuw-Bergen, que nous ne perdions pas de vue, au pied desquelles je me flattais d'arriver le jour même; mais, vers les onze heures, une chaleur excessive nous arrêta sur les bords de Bly-Rivier, où nous fûmes obligés de passer la nuit. Ce torrent ne fut pas pour nous d'une grande ressource; il ne coulait plus: la sécheresse l'avait tari. Nous n'eûmes d'autre ressource, pour étancher la soif dont nous étions dévorés, qu'une eau stagnante et de mauvais goût, qui croupissait dans les endroits les plus profonds de sont lit. A la pointe du jour, nous nous empressâmes de quitter ce désagréable gîte, et trois heures et demie de marche nous firent rencontrer une rivière nommée *VogelRivier* (rivière des oiseaux). Je remarquai, entre autres singularités, que plus nous approchions des montagnes de neige, plus la chaleur devenait accablante; les rocs amoncelés qui composent ces pics sourcilleux, échauffés, sans doute, par les rayons ardents du soleil, qu'ils réfléchissent, les concentrent dans les vallées qui les avoisinent. Le malaise général de toute la caravane ne nous permit pas d'aller plus loin.

Dans le court espace que nous venions de parcourir pour gagner d'une rivière à l'autre, nous n'avions rencontré qu'une seule troupe de gazelles Spring-Bock; mais il faut dire qu'elle occupait toute la plaine : c'était une émigration dont nous n'avions vu ni le commencement ni la fin. Nous étions précisément dans la saison où ces animaux abandonnent les terres sèches et rocailleuses de la pointe d'Afrique pour refluer vers le nord, soit dans la Cafrerie, soit dans d'autres pays couverts et bien arrosés. Tenter d'en calculer le nombre, le porter à vingt, à trente, à cinquante mille, ce n'est rien dire qui approche de la vérité; il faut avoir vu le passage de ces animaux pour le croire. Nous marchions au milieu d'eux, sans que cela les dérangeât beaucoup; ils étaient si peu farouches que j'en tirai trois sans sortir de mon chariot; il nous eût été facile, au besoin, d'en founir pour longtemps à des armées innombrables. Au surplus, la retraite de ces gazelles, qui quittaient le pays que nous allions parcourir, nous annonçait, plus sûrement que l'*Almanach de Liége*, les sécheresses auxquelles nous devions nous attendre.

Remis en route dans la matinée du 6, et remontant la rivière des oiseaux, qui prend sa source dans les montagnes de neige, un accident qui pouvait devenir sérieux nous arrêta quelque temps : le conducteur d'une de mes voitures, voulant se remettre en siège, fut retenu par des épines, auxquelles il n'avait pas fait attention ; il tomba ; la roue de la voiture, qui continuait sa marche, passa sur sa jambe. J'accourus, et fus mille fois heureux lorsque je m'aperçus, après l'avoir bien examinée, qu'il n'y avait aucune fracture. Je bassinai moi-même la contusion, je l'enveloppai de plusieurs bandages imbibés d'eau-de-vie, et, de peur que le malade n'en regrettât l'usage, je lui en fis avaler un grand gobelet. Il fut porté, pendant quelques jours, sur mes chariots, et son accident n'eut pas d'autres suites.

Il semblait que les Sneuw-Bergen fussent pour moi la terre promise ; je ne pouvais y arriver ! les obstacles se succédaient. Le 7, au moment de partir, je m'aperçus, en faisant le dénombrement de mes bestiaux, qu'il en manquait trois. Mes gens se répandirent de tous côtés pour les chercher ; on les retrouva ; mais cette opération avait demandé tant de temps que nous ne pûmes atteler qu'à sept heures du soir. Nous étions encore dans les plus grands jours de l'année ; la fraîcheur des nuits était attrayante ; nous ne devions être qu'à quatre ou cinq lieues de Platte-Rivier, et notre intention, si nous y arrivions, n'était pas de pousser plus avant.

Nous avions à peine fait deux ou trois lieues, qu'un des Hottentots de l'arrière-garde, emporté par son cheval, tombe sur nous à toute bride, suivi de tous les relais, qui arrivent dans le plus grand désordre. L'effroi se communique aux douze bœufs du chariot de Pampoen-Kraal, qui, dans ce moment, n'ayant point de Hottentots en tête pour retenir et gouverner les deux premiers, comme il est d'usage, prennent l'épouvante, se jettent, en s'écartant, sur le côté : le timon casse, et toujours attelés, ils le traînent après eux, s'enfoncent et vont se perdre dans les buissons. La confusion devient de plus en plus générale ; au mugissement des bœufs, il n'y avait pas à douter que nous ne fussions poursuivis par des lions. On court aux armes. Tandis que les uns s'efforcent d'arrêter les bœufs de deux autres chariots qui se laissaient emporter comme ceux du troisième, que d'autres s'occupent à ramasser et à rassembler tout ce qui leur tombe sous la main pour allumer les feux, je pars accompagné de mes plus habiles chasseurs, et nous rétrogradons sur la route pour faire face aux cruels animaux, retarder leur marche, et donner le temps de se livrer aux autres préparatifs.

La nuit n'était pas encore bien obscure ; nous étions dans une plaine sablonneuse, qui nous aidait à distinguer les objets à une certaine distance. Lorsque je vis nos chiens s'approcher de nous et nous serrer de près, je ne doutai plus de la présence des lions. Tout-à-coup j'en aperçois deux élevés sur un petit tertre ; et qui semblaient nous attendre ; nous lâchons tous nos coups ensemble, mais sans autre effet que de les voir disparaître. Nous avancions toujours dans l'espérance d'en abattre au moins un, et nous continuions, par précaution, nos décharges ; ils ne s'offrirent plus à nos regards : c'est en vain que nous nous fussions obstinés à les poursuivre plus longtemps ; ils étaient déjà loin. Les feux étaient bien allumés, nous nous en approchâmes ; nos bœufs dispersés en faisaient autant : ils arrivaient à notre halte les uns après les autres, et bientôt il ne manqua plus que l'attelage de Pampoen-Kraal. Nous entendions beugler à une certaine distance ; aucun de mes gens ne se souciait de courir à la voix : j'en engageai cependant plusieurs à me suivre. Chacun de nous prit un tison enflammé d'une main, un fusil de l'autre, et, sous la conduite des chiens qui nous précédaient, nous allâmes à le recherche, et arrivâmes sur la place. Le morceau de timon que ces bœufs avaient traîné avec eux s'était pris entre deux arbres et les avait arrêtés ; ils étaient tout en peloton, et tellement embarrassés dans les traits qu'il n'y eut d'autre moyen pour les dépêtrer que de les mettre en pièces. Trois de ces bœufs manquaient : ils étaient parvenus à briser leur joug. Nous les croyions dévorés ; mais, de retour à nos feux, j'appris qu'ils s'y étaient rendus et ne faisaient que d'arriver.

Un instinct pur et machinal avait-il appris à ces animaux que, sous la sauvegarde du feu, ils n'avaient rien à craindre de leurs ennemis ? L'habitude leur avait-elle inspiré cette réflexion que, depuis plus d'un an qu'ils voyageaient avec moi, les bêtes carnacières, qui, dans les commencements, leur avaient causé tant d'inquiétude, n'avaient plus osé les attaquer, ni même les approcher? ou bien prenaient-ils des hommes une assez haute idée pour ne voir en eux que des protecteurs puissants, des défenseurs inexpugnables ? Je ne l'expliquerai pas ; mais je sais que la nature, qui fournit indistinctement à tous les animaux une portion suffisante d'intelligence pour veiller à leur conversation, semblait exprès pour tout ce qui m'entourait, en avoir doublé la mesure, et j'ai fait, sur ce point, en plus d'une rencontre, des remarques qui m'ont toujours frappé d'étonnement et d'admiration. La morale de l'histoire naturelle s'étend plus loin qu'on ne pense. L'œil de la métaphysique pénètre de jour en jour en avant; l'aveugle curiosité qui formait seule autrefois nos collections, cède aujourd'hui la place à des motifs plus nobles et plus précieux; il n'est plus de petits objets aux regards du philosophe chrétien : le génie des découvertes, éclairé de la lumière d'en haut, fait tout agrandir : les insectes, par exemple, regardés, il y a vingt ans, comme des objets minutieux et bornés, occupent une place brillante dans la chaîne des êtres.

A la pointe du jour, je retournai à la place où j'avais tiré la veille; j'y reconnus le pas d'un lion et celui de sa femelle, qui, quoique également prononcé, est toujours plus petit; je suivis quelque temps la trace, par un léger détour, elle me ramena près de mes gens; ce qui nous prouva que nous avions été épiés de fort près. Nous nous félicitâmes d'avoir été jusqu'au jour sur nos gardes; ce fut pour moi un utile avertissement de ne plus, à l'avenir, voyager de nuit dans des contrées que je connaissais si peu, et qui, comme je l'ai appris par la suite, sont les pas de l'Afrique les plus dangereux à franchir.

J'avais, sous mes voitures, des timons de rechange, coupés dans les forêts d'Auteniquoi ; mais, comme à la place où nous venions de nous arrêter l'eau nous manquait absolument, et qu'il n'y avait pas de temps à perdre pour s'en procurer, je fis réparer provisoirement les traits déchirés ; on attacha comme on put, avec deux jumelles, le timon brisé, et nous partîmes. Quel fut notre chagrin lorsque, parvenus aux bords de la rivière plate, nous la trouvâmes à sec ! Nous la remontâmes pendant environ trois quarts d'heure, toujours mourants de soif, excédés, hors d'haleine, et nous eûmes enfin le bonheur d'arriver à des fondrières qui conservaient un peu d'eau bourbeuse que le soleil n'avait pas encore dévorée.

Nous ne voyions plus ici ce charmant et magnifique pays de la Cafrerie ; nous avions tout-à-fait perdu de vue ces gras pâturages et ces forêts majestueuses sur lesquels nos yeux avaient tant de plaisir à se reposer ! Des roches amoncelées, des sables arides, succédaient chaque jour, sous des formes toujours plus hideuses, à ces doux spectacles. Nous nous voyions de toutes parts circonscrits par des montagnes dont les formes bizarrement inclinées, et les pics souvent suspendus sur nos têtes, répandaient dans l'âme cette terreur profonde qui traîne le découragement après elle, et réveilla les tristes souvenirs. Celles des Sneuw-Bergen, au pied desquelles nous nous trouvions, s'élançaient beaucoup au-dessus de toutes les autres, et les hivers, assis sur leurs sommets, semblaient disputer au soleil l'empire de ces affreux climats.

Mon intention étant de découvrir et d'escalader une partie de cette fameuse Cordilière, prévenu que les Bossismans y avaient établi, comme les lions, leurs repaires, et voulant me mettre à l'abri de toutes surprises de la part des uns et des autres, je plaçai mon camp tout à découvert, et le fortifiai de mon mieux.

Un pas de rhinocéros, que j'avais rencontré, avait, en un instant, ranimé l'ardeur de mes anciennes chasses. J'avais assuré d'une forte prime le premier de mes gens qui me procurerait un de ces colosses; nous n'eûmes ce bonheur ni les uns ni les autres; rien ne parut; mais, sans m'y être attendu, je tombai sur un petit groupe de huit élans : je n'en avais point encore tué; je les poursuivis à la course; j'en fis tomber un sur la place. Cet animal est parfaitement décrit par le docteur Sparmann; les sauvages le nomment *kana* : ce n'est point du tout l'élan dont Buffon a donné la description, il en diffère essentiellement : c'est uniquement la plus grande espèce des gazelles du Cap.

De retour au camp, je vis arriver tous mes chasseurs, qui s'étaient répandus de côté et d'autre pour gagner la prime ; ils étaient harrassés et fort mécontents. L'un d'eux m'avertit qu'il avait rencontré une horde sauvage dont le kraal était situé absolument au pied de la montagne; je résolus d'aller le reconnaître : mais je n'emmenai avec moi que trois bons tireurs et celui qui m'avait donné cet avis. Le lendemain, à la pointe du jour, nous étions à moitié chemin que nous rencontrâmes cinq de ces gens qui venaient eux-mêmes à mon camp pour me voir. Ils rebroussèrent et me conduisirent chez eux. Les enfants, en me voyant arriver, se mirent à fuir pour se cacher, en poussant des cris horribles. Cet effroi général me paraissait hors de la nature, et déconcertait mes idées. Lorsque j'étais, pour la première fois entré dans la horde de Haabas et dans plusieurs autres, les femmes et les enfants, à la vérité, s'étaient retirés, mais n'avaient montré ni crainte ni horreur;

j'étais curieux de connaître la cause de cet effroi : j'appris d'abord que ces gens n'étaient venus que depuis très-peu de temps s'établir dans l'endroit où je les voyais ; qu'ils avaient éprouvé dans le Camdebo, leur patrie, mille persécutions de la part des colons, et qu'animés contre les blancs d'une haine cruelle et sanguinaire, ils inspiraient cette horreur à leurs enfants, afin qu'elle s'accrût avec l'âge, et qu'ils n'étaient pas fachés de les avoir vus, dans cette rencontre, réciter aussi bien le catéchisme de la vengeance.

Quant aux hommes, ils sourirent à mon approche, et ne parurent point étonnés de me voir; ils étaient prévenus, dès la veille, qu'infailliblement je les irais visiter. Leur horde ne montait guère qu'à cent ou cent trente hommes. En me rendant chez eux, j'avais rencontré leurs troupaux : une centaine de bêtes à cornes, et peut-être trois cents à laine, n'annonçaient pas une grande aisance; aussi je trouvai ces misérables occupés à faire sécher, sur des nattes, des sauterelles, auxquelles ils retranchaient les ailes et les pattes. Comme l'amas de ces provisions touchait à la plus grande fermentation, je fus contraint de prendre le dessus du vent pour éviter les exhalaisons infectes qui s'en échappaient par intervalles.

Il n'y avait pas six mois que ces pauvres Hottentots s'étaient confinés dans cet endroit, pour échapper aux cruautés des colons ; ils venaient, sans le savoir, se livrer à des atrocités d'un autre genre : outre les Bossismans dangereux, qui pouvaient à tous moments les découvrir, ils avaient à se défendre des bêtes féroces, et particulièrement des chiens sauvages, qui dévastaient leurs troupeaux. Je leur donnai quelques conseils pour leur tranquilité, et leur fis des présents ; je leur proposai, en outre, l'échange de quelques moutons, qu'ils me promirent de m'amener le lendemain. Comme je me disposais à prendre congé d'eux, je fus obligé d'entrer dans une de leurs huttes pour me mettre à l'abri d'un orage affreux qui fondit sur nous comme un trait, et qui dura trois grandes heures ; je n'en fus pas moins inondé ; le kraal entier faillit d'être emporté ; des huttes furent ébranlées ; les torrents chariaient devant nous des terres éboulées et des arbres déracinés. Le lieu que j'occupais était mieux abrité : je contemplais avec extase, quoique noyé jusqu'aux genoux, les cascades et les colonnes d'eau qui s'échappaient avec fracas du haut des montagnes, et, s'entre-choquant dans leur chute, gagnaient la terre en mille gerbes variées, et la couvraient de vapeur et d'écume. Les bords de la rivière plate, que j'avais à deux pas, disparurent en un moment à mes regards; je donnai le temps aux plus gros amas de s'écouler; inquiet pour mon camp, je profitai du premier intervalle que nous laissa la pluie, et je partis pour m'y rendre. J'avais eu beaucoup à souffrir dans cette hutte, remplie de sacs de sauterelles déjà séchées, mais qui n'en rendaient pas moins une odeur fétive, insupportable. La pluie continua par orage toute la nuit; le jour suivant, les inondations grossirent, et ces Hottentots ne purent joindre mon camp, comme ils me l'avaient promis.

Nous ne craignions plus de manquer d'eau; cependant nous ne fîmes aucun usage de celle de la rivière, parce qu'elle était sale et troublée; nous préférâmes de recourir aux lagunes, qui avaient eu le temps de déposer leur sable et leur limon.

Le jour d'ensuite fut plus tranquille. Une vingtaine d'hommes et quelques femmes m'amenèrent quatre moutons et une vieille vache qui n'était plus bonne que pour la boucherie; ils ne convoitèrent pas infiniment mes verroteries; les femmes en étaient, à a vérité, surchargées; ils se jetèrent de préférence sur le tabac. Comme c'était celle de mes provisions qui était la plus facile à réparer en rentrant dans la colonie, je ne la leur épargnai pas. Cette prodigalité les séduisit : ils m'amenèrent encore onze moutons, que je payai largement.

Instruit que j'allais traverser un pays difficile et bien sec, je conservai ces différentes acquisitions comme une ressource précieuse au besoin.

XII.

Un jour que j'avais beaucoup de ces étrangers, un des gardiens de mon troupeau vint m'avertir que plusieurs Bossismans, descendus des montagnes, s'étaient approchés d'eux, mais qu'il les avaient tenus en respect avec quelques coups de fusil; Klaas et moi, nous montons à cheval, et, suivis de quatre autres chasseurs, nous marchons à leur poursuite; nous ne tardons pas effectivement à découvrir treize de ces dangereux pirates; mais la rapidité de notre course et notre air déterminé les mettent bientôt en fuite. Nons volions vers eux à bride abattue; nos balles sifflèrent à leurs oreilles ; nous ne pûmes cependant les approcher assez pour les ajuster : il me suffisait, et c'était beaucoup pour ma sûreté, de leur avoir donné l'épouvante. Nous les vîmes tous, par des sentiers différents, s'engager dans les montagnes et disparaître entièrement. J'admirais l'agilité avec laquelle ils gravissaient, aussi vite que les singes, les rochers les plus escarpés. Je ne m'avisai point de m'attacher plus long-temps à leurs pas ; il y eût eu de l'imprudence à prétendre les attaquer dans leur fort et leurs embuscades impénétrables : ces gens ne nous auraient assurément pas manqués. Ils étaient tout-à-fait nus. Je jugeai, à leurs traces, qu'ils portaient des sandales. Cette petite alerte fut un bien : elle servit à nous rendre plus méfiants ; je doublai les gardes. Swanepoël et moi, nous fîmes alternativement la ronde, tandis que mon fidèle Klaas, à la tête d'un petit détachement, visitait la vallée et tous nos environs. De temps en temps on tirait du camp un coup de carabine, auquel mes pâtres étaient obligés de répondre : j'étais, par ce moyen, assuré qu'ils ne s'étaient pas endormis, et qu'ils faisaient sévèrement leur garde; du reste, cette précaution, que j'observais par amour de l'ordre et pour n'avoir rien à me reprocher, devenait, dans la circonstance, assez inutile : le Hottentot craint moins un lion qu'un Bossisman ; cette frayeur salutaire tenait tous les miens aux aguets, et dans les lieux les plus découverts, ce qui les faisait cruellement souffrir; car la chaleur était devenue excessive; j'y étais pour le moins autant exposé qu'eux, et ne m'exemptais pas pour cela de mes chasses. Il m'était assez indifférent de marcher ou de rester tranquille : ma tente n'était point habitable. C'est dans ces occasions que ma barbe, bien imbibée, me procurait quelque soulagement ; j'en tirais aussi de la forme de mon châpeau, que j'humectais de même; dans ces moments de crise, j'étais surtout dévoré d'une soif ardente. Comme j'avais remarqué que la quantité d'eau que je buvais, loin de me désaltérer, m'échauffait, au contraine, beaucoup, j'imaginai de ne plus boire qu'à l'instar des chiens, c'est-à dire de laper. Cette étrange manière me servit merveilleusement bien : très peu d'eau suffisait alors pour étancher ma soif, et je ne craignais plus être incommodé.

Tant que nous restâmes sur les bords de Platte-Rivier, les lions nous inquiétaient fort peu : notre artillerie, qui ronflait de tous côtés pendant le jour, les tenait écartés. Nous les entendions, à la vérité, rugir toutes les nuits ; mais jamais, si ce n'est une seule fois, ils n'osèrent nous approcher assez pour nous alarmer. Les panthères s'annonçaient aussi, au lever et au coucher du soleil, sur les bords de la rivière; mais elles se tenaient à des distances éloignées ; au fort des nuits, elles s'avançaient davantage. Nous étions constamment avertis par les chiens, et, le lendemain, nous jugions, à leurs traces, jusqu'à quel point elles s'étaient hasardées. C'est la nécessité qui rend audacieuses toutes ces espèces carnivores, naturellement craintives à l'aspect de l'homme ; et je crois qu'on a trop exagéré les dangers qu'on court dans leur voisinage. Rarement rencontre-t-on ces animaux dans les bois ; les deux seules espèces de gazelles qui s'y trouvent n'y abondent point assez pour satisfaire leur voracité. Ils préfèrent de poursuivre les hordes nombreuses qui voyagent d'un canton dans un autre : c'est alors qu'ils peuvent choisir et faire un affreux carnage.

Mes voisins, me voyant disposé à gravir les Sneuw-Bergen, me conseillèrent de me tenir sur mes gardes, et de n'y pas faire un long séjour, attendu que les Bossimans étaient en force. Mon intention n'était pas d'y conduire toute ma caravane; ce projet insensé n'eût pas même été praticable; mais, ne voulant que reconnaître quelques-uns de leurs sommets, et les parcourir avec mes chasseurs entre deux soleils, je me rapprochai de leur pied le plus qu'il me fut possible, et je vins placer mon camp à trois cents pas de la horde sauvage. Je m'attendais à trouver sur la hauteur, comme on me l'avait annoncé, un volcan considérable qui vomit de la fumée et des flammes; je ne vis rien qui ressemblât à ce phénomène. Avec l'aide de ma lunette, je découvris d'immenses pays qui se prolongeaient au nord, et qui n'étaient bornés que par l'horizon. Je trouvais fréquemment, sur les plates formes et sur les crêtes les plus élevées, des monticules de cailloutage et de sable tout-à-fait semblables à des dunes; j'y cherchai, mais vainement, quelques coquillages : il n'y en avait ni de frustes, ni même aucuns débris qui me parussent tenir à la conchylogie. Je m'attachai davantage à la poursuite des oiseaux; j'eus le bonheur d'en rencontrer et d'en tuer de fort rares, notamment une très-belle espèce de veuve, qui se tenait dans les herbages fort élevés qui tapissaient presque partout ces hautes montagnes.

Dans toutes mes courses, qui finissaient toujours

avec le soleil, je ne vis qu'une seule fois des Bossismans; ils étaient trois qui traversaient le revers d'une montagne opposée à celle sur laquelle nous étions; ils ne songèrent point à venir nous attaquer : nous ne traînions rien après nous qui dût les tenter, et peut-être ces trois scélérats étaient-ils du nombre de ceux à qui j'avais donné si vertement la chasse, et se ressouvenaient-ils de l'épouvante que je leur avais causée. Ces vagabonds ne sont point, comme on l'avait faussement avancé, une nation particulière, une peuplade originaire de l'endroit même où on les rencontre : *Bossiman* est composé de deux mots hollandais qui signifient *homme des bois* ou *des buissons*. C'est sous cette qualification que les habitants du Cap, et généralement tous les Hollandais, soit en Afrique, soit en Amérique, désignent tous les malfaiteurs ou les assassins qui désertent la colonie pour se soustraire au châtiment; c'est, en un mot, ce que, dans les îles françaises, on appelle *Nègres marrons* : ainsi donc, loin que les Bossimans fassent une espèce à part, comme on l'a dit encore fort récemment, ce n'est qu'un ramas informe de mulâtres, de nègres, des métis de toute espèce, quelquefois de Hottentots, de Basters, qui, tous différents par la couleur, n'ont de ressemblance que pour la scélératesse ; ce sont de vrais pirates de terre, vivant sans chef, sans lois et sans ordre, abandonnés à tous les excès du désespoir et de la misère ; lâches déserteurs qui n'ont de ressource, pour subsister, que dans le pillage et le crime. C'est dans les rochers les plus escarpés, et dans les cavernes les moins accessibles, qu'ils se retirent et passent leur vie ; de ces endroits élevés, d'où leur vue domine au plus loin sur la plaine, ils épient les voyageurs et les troupeaux épars ; ils fondent comme un trait, et tombent à l'improviste sur les habitants et les bestiaux, qu'ils égorgent indistinctement. Chargés de leur proie et de tout ce qu'ils peuvent emporter, ils regagnent leurs antres affreux qu'ils ne quittent, pareils aux lions, que lorsqu'ils se sont rassasiés, et que de nouveaux besoins les poussent à de nouveaux massacres ; mais comme la trahison marche toujours en tremblant, et que la seule présence d'un homme déterminé suffit souvent pour en imposer à ces troupes de bandits, ils évitent avec soin les habitations où ils sont assurés que réside le maître ; l'artifice et la ruse, ressources ordinaires des âmes faibles, sont les moyens qu'ils emploient, et les seuls guides qui les accompagnent dans leurs expéditions. Dans les lieux où la trace de leurs pas, trop bien imprimés, pourrait donner l'alarme aux habitants, et les attirer à leur poursuite, ils emploient à la déguiser une adresse merveilleuse, à laquelle nos brigands d'Europe, plus téméraires ou moins patients, sont éloignés de se plier; ils marchent en reculant s'ils ne sont pas chaussés, et, s'ils ont des sandales, ils se les attachent de façon que le talon répond aux doigts de leurs pieds. Lorsqu'ils enlèvent un troupeau considérable d'animaux vivants, ils le divisent, sous la conduite de plusieurs d'entre eux, en petites bandes auxquelles ils font prendre des routes différentes : par ce moyen, s'ils sont poursuivis, ils s'assurent toujours la plus grande portion du pillage qu'ils ont fait.

On confond encore, sous le nom de Bossiman, une nation différente, en effet, des Hottentots ; quoique, dans son langage, elle ait le clappement de ces derniers, elle a cependant une prononciation et des termes qui lui sont particuliers. Dans quelques cantons, on les connaît sous le nom de *Chineese Hottentot* (Hottentots Chinois), parce que leur couleur approche de celle des Chinois qu'on rencontre au Cap, et que, comme eux, ils sont d'une stature médiocre. Attendu l'affinité du langage, je considère ces peuples, ainsi que les grands et les petits Namaquois, dont j'aurai bientôt occasion de parler, comme une race particulière de Hottentots ; et, quoique les colons confondent les premiers sous la domination générale de Bossimans, il n'est pas moins vrai que les sauvages du désert, qui n'ont aucune communication avec les possessions hollandaises, ne les connaissent que sous le nom de *Houswaana.*

Cette nation, quelque nom qu'on veuille lui donner, habitait autrefois le Camdebo, le Bocke-Veld, le Rogg-Veld ; mais les usurpations des blancs, dont ils ont été victimes, comme les autres sauvages, les ont contraints de fuir et de se réfugier très-loin ; ils habitent aujourd'hui le vaste pays compris entre les Cafres et les grands Damaquois. De tous les peuples que l'avarice insatiable des Européens a le plus maltraités, il n'en est point qui en conserve de plus amers ressouvenirs, et à qui la couleur et le nom de *Blanc* soient plus en horreur ; jamais ils n'oublieront les perfidies des colons et le prix infâme qu'ils ont reçu des services signalés qu'ils leur avaient cent fois rendus : leur ressentiment est tel qu'ils ont toujours le terrible mot de *vengeance* à la bouche, et le moment de lui donner carrière se présente toujours trop tard, quoiqu'ils l'épient sans cesse. Je dirai quelque chose de ces Houswaana lorsque, en passant sous le tropique, je visiterai leurs hordes.

Lorsque j'eus parcouru les différentes chaînes et les plus beaux sites des Sneuw-Bergen, je songeai enfin à quitter tout à-fait ces noirs pays. Mes gens me sollicitaient vivement de les conduire au Carouw, et de me hâter de le traverser, avant que les chaleurs eussent entièrement desséché le peu d'eau stagnante qu'il était impossible que nous y trouvassions, et de peur aussi de ne plus rencontrer de pâturages pour nos bestiaux, qui déjà, depuis long temps, avaient eu beaucoup à souffrir des ardeurs de la saison; ainsi donc, autant empressé que jaloux de rejoindre mes foyers, et ne trouvant plus dans mes courses les mêmes charmes, les mêmes amusements que par le passé, soit que la fatigue eût ralenti mon ardeur, soit que d'autres projets et de puissants ressouvenirs eussent repris sur mon imagination l'empire que leur avait fait perdre le spectacle des plus grandes nouveautés, je me remis en route le 2 février, en me dirigeant vers le sud-ouest. Une partie de la horde nous accompagna pour nous aider à traverser, à trois lieues plus loin, la rivière *Jubers*, qu'on jugeait devoir être enflée par les orages. En y arrivant, déjà nous songions à faire des radeaux;

mais nos conducteurs, qui connaissaient, à un quart de lieue au-dessous, des bas fonds commodes, nous épargnèrent un travail inutile, et qui nous eût fait perdre beaucoup de temps. J'allai reconnaître avec eux les bas-fonds, et je jugeai, après les avoir sondés avec mon cheval, qu'en exhaussant seulement, mais avec précaution, de huit à dix pouces les caisses et le lest de mes trois voitures par le moyen de branchages et de bûches, nous passerions sans avoir rien d'avarié; ce que nous exécutâmes, en effet, avec autant d'adresse que de bonheur. Nos compagnons nous servirent, à la vérité, beaucoup dans cette opération : ils traversèrent la rivière; et vinrent passer la nuit avec nous, pour nous aider le lendemain matin à rétablir nos équipages, et remettre en place nos effets. Je reconnus généreusement les services qu'ils venaient de me rendre, et nous nous séparâmes.

Je trouvai dans le canton où j'entrai une prodigieuse quantité de ces coucous vert doré dont j'ai déjà parlé, et plusieurs espèces nouvelles que je joignis à ma collection. Dans la même journée, je rencontrai un second fleuve sans nom connu : je lui donnai celui de mon respectable ami, M. Boers. Ici commençaient les plaines arides du Carouw; des plantes grasses et frustes couvraient cette terre ingrate, ou, pour mieux dire, ces sables, dans toute l'étendue de l'horizon ; d'un autre côté, des rochers, non moins stériles offraient partout à nos regards attristés l'image de l'abandon et de la mort ; on ne voyait que quelques herbes éparses qui semblaient croître à regret pour le salut de nos troupeaux.

Le 4, cinq grandes heures de marche nous firent arriver à la rivière Voogel, qui va se jeter dans celle du Sondag, ce fleuve que nous avions traversé, il n'y avait pas long-temps, vers son embouchure, et que nous devions bientôt voir près de sa source. Nos souffrances augmentaient de jour en jour avec les chaleurs, et la marche nous était devenue bien pénible ; cependant j'amusais toujours mes loisirs par la chasse : je tuai encore, chemin faisant, une cane-pétière d'une espèce nouvelle. Le jour suivant, nous fûmes rendus de bonne heure à la rivière de Sondag. Ce séjour, moins affreux, servit du moins à ranimer mon espérance : de superbes avenues de mimosa, que le fleuve arrosait, offraient de toutes parts un coup d'œil magnifique ; ils étaient en pleine fleur, et répandaient autour de nous leurs suaves et délicieux parfums. Mille espèces d'oiseaux et d'insectes superbes, attirés dans ces beaux lieux, m'y retinrent jusqu'au 8. Malgré la forte provision d'épingles que j'avais emportées du Cap, je m'aperçus que j'allais en manquer; il me vint dans l'esprit de les remplacer par les plus petites épines de mimosa, qui me rendirent le même office.

En laissant le Sondag derrière moi, je rencontrai seize Hottentots, avec armes et bagages, sur les bords du *Sward-Rivier* (rivière noire); ils quittaient le Candebo pour gagner, au pied des Sneuw-Bergen, la horde que nous y avions laissée; ils m'apprirent qu'ils étaient forcés à cette émigration par des troupes formidables de Bossismans, qui mettaient tout à feu et à sang dans le Candebo, dont ils incendiaient les habitations, pour en enlever les munitions, les armes et toutes les richesses. Rien ne pouvait plus me contrarier que cette nouvelle, indiscrète autant qu'inattendu; elle jeta d'abord l'alarme dans tous les esprits, et fit renaître les anciennes terreurs. Persuadé que de plus longs éclaircissements ne serviraient qu'à troubler davantage ces faibles imaginations, j'ordonnai à tout mon monde de me suivre à l'instant même : déjà l'on parlait de rebrousser chemin, et je vis l'heure où mon autorité allait être tout-à-fait méconnue : les plus braves de mes gens, qui ne balançaient point à me suivre, entraînèrent heureusement tous les autres. Je m'étais aperçu que le nommé Slinger, dont j'avais eu à me plaindre au camp de Koks-Kraal, montrait encore ici plus de résistance; que, dans cette journée même, il avait fait son service d'une manière équivoque : je me déterminai, pour la première fois, à faire un exemple qui intimidât les lâches camarades qu'il avait séduits. Arrivé, le soir, à cette rivière Camdebo, qui tire son nom du pays qu'elle traverse, je lui signifiai de quitter à l'instant ma caravane; je lui reprochai, ce que j'avais depuis appris, d'avoir été le premier moteur des craintes et des troubles qui avaient empêché tout mon monde de me suivre en Cafrérie, et de m'avoir forcé, par cette coupable résistance, d'abandonner la plus belle partie de mes projets, faute de bras, de courage et de secours pour les conduire à leur fin. Je lui payai ses gages échus, je lui fis délivrer ses effets et quelques provisions; après quoi je le menaçai de le poursuivre comme une bête féroce, si jamais il se présentait à ma rencontre. Il fut tellement consterné, anéanti de l'apostrophe, et de la véhémence avec laquelle je la prononçai, qu'il se saisit de son sac, et partit précipitamment. Mes gens conjecturèrent qu'il allait gagner les habitations les plus prochaines, ou bien rejoindre les Hottentots que nous avions rencontrés dans la matinée. J'avais pensé qu'il aurait cherché à me faire des excuses, ou que ses camarades m'auraient imploré pour lui; je fus trop aise qu'il eût pris un autre parti. Cette sévérité opéra, pour le reste de mon voyage, tout l'effet que j'en avais attendu.

XIII.

Le 9 février, je quittai la rivière Camdebo. Plusieurs de mes bœufs se virent attaqués du klauwsikte ; ce qui leur rendait la route très-pénible. La tranquillité et les rafraîchissements étaient le seul remède qui pût les rétablir promptement ; je choisis donc, sur un des détours que faisait la rivière au milieu des mimosa, une clairière commode, où je plaçai mon camp, dans l'intention d'y passer quelques jours. Je n'eus pas besoin de recommander à mes gens de se tenir sur leurs gardes : ils craignaient trop les Bossismans pour manquer à leur devoir, et se relâcher de leurs précautions; nous étions justement dans le canton où nous avions appris que ces brigands jetaient l'épouvante. Nos provisions tiraient à leur fin, et nous n'avions plus de grand gibier; je songeai à m'en procurer quelques pièces, pour les saler, et je fis plusieurs chasses, qui nous éloignèrent plus ou moins du camp. Un jour, que je m'étais acharné à la poursuite d'un élan-gazelle, je m'écartai considérablement avec un de mes meilleurs tireurs, qui me suivait à pied. Au débouquement d'un fourré fort épais de mimosa, nous nous trouvâmes tout-à-coup près d'un Hottentot qui cherchait des nimphes de fourmis, mets chéris de ces sauvages. Il ne nous eût pas plus tôt entrevus, que, ramassant avec précipitation son arc et son carquois, il prit sa course pour fuir; mais, rendant la main à mon cheval, je l'eus bientôt rejoint. Aux signes peu équivoques de ses frayeurs et de son embarras, je jugeai que c'était un Bossisman. Sa vie était entre mes mains; je pouvais user, dans ces déserts, de mon droit de souveraineté, et punir en lui, si j'eusse été cruel, tous les crimes de ses égaux, et le tort inexcusable d'appartenir à des brigands. Jusque-là je n'avais point particulièrement à me plaindre d'eux, et je comptais seulement profiter de la rencontre pour recevoir de nouveaux renseignements : ce n'est pas ainsi qu'en eût agi un colon. Il vit bien, à mon air, que je n'avais pas intention de lui faire aucun mal. Après quelques questions relatives à la situation où nous nous trouvions respectivement, et auxquelles il ne répondait qu'en tremblant, il se rassura et prit confiance en moi. Je me plaignais de la disette de gibier dans les lieux que je venais de parcourir ; il m'indiqua des cantons où je rencontrerais sûrement celui que je cherchais. J'ordonnai au Hottentot qui m'avait rejoint de lui faire présent d'une portion de son tabac ; et, après lui avoir souhaité plus de modération et de probité pour lui et ses compagnons, je tournai bride pour continuer ma chasse. J'avais fait à peine cinquante pas (mon chasseur était resté quelques minutes de plus avec lui pour lui aider à allumer sa pipe et pour achever sa conversation), je l'entends qui m'appelle à grands cris. Effrayé de ses accents, je retourne précipitamment sur lui, jaccours, j'arrive ; je le vois aux prises avec le traître Bossisman, qui la main armée d'une flèche, faisait tous ses efforts pour le blesser à la tête : le visage de mon pauvre Hottentot était déjà couvert de sang. Je saute de cheval, transporté de colère, et, me saisissant de mon fusil, d'un coup de crosse dans la poitrine, j'étourdis et renverse le traître; mon Hottentot, dans l'excès de sa rage, ramasse son arme, achève son terrible adversaire, et l'écrase à mes pieds. Effrayé de sa blessure, il s'attendait à périr par l'effet du poison : le coquin lui avait décoché une flèche dans le moment où ils se quittaient; il avait reçu la blessure précisément au nez, elle me paraissait plus dangereuse, mais n'était heureusement que superficielle : il n'avait été atteint que du tranchant du fer, qui n'est jamais empoisonné. Je lavai moi-même sa plaie avec de l'urine; je le consolai, bien convaincu qu'il n'était pas mortellement blessé. Je portai toujours sur moi un flacon d'alckali-volatil que m'avait donné M. Porcheron, résident de France, lors de mon départ du Cap. Pour chasser jusqu'aux apparences du venin, je déchirai des morceaux de ma chemise, dont je fis des compresses imbibées de cet alckali; mais, loin que ces précautions de ma craintive amitié servissent à rassurer l'esprit de ce malheureux, il s'obstinait à attribuer aux effets du poison les douleurs très-aiguës que lui causait mon caustique. Pour moi, ce que j'admirais le plus, et que je regardais comme l'influence de mon heureuse étoile, c'est qu'il n'eût pas été tué sur la place ; car, à coup sûr, son assassin, armé du fusil qu'il lui eût dérobé, n'aurait pas manqué de me joindre au plus prochain détour, et de me faire subir le même sort. Je m'emparai de l'arc et du carquois du scélérat, et, laissant là son cadavre horriblement défiguré, je m'empressai de rejoindre mon camp. Cette aventure y répandit l'alarme ; mon chasseur, persuadé qu'il ne vivrait pas jusqu'au jour, acheva, par ses tristes plaintes, de jeter la consternation parmi mes gens. C'est à tort que j'aurais essayé de les tranquilliser ; ils étaient tous presque persuadés que le malade ne passerait pas la nuit ; cependant elle s'écoula sans crise ; et, lorsque les plus grandes douleurs se furent dissipées, il sentit et commença de convenir qu'il en serait quitte pour la peur. A leur réveil, tous ses camarades, étonnés de le voir vivant, retrouvèrent aussi la parole, et bavardèrent de mille façons différentes, comme il arrive toujours après le danger ; ils jugeaient surtout que la mort du coupable était ce qu'il y avait de plus heureux pour nous dans cette aventure ; car, si cet homme nous eût échappé, et que, nous suivant à la piste à travers les buissons et les chemins détournés, il eût découvert le lieu de notre retraite, il n'eût pas manqué d'en aller avertir les autres Bossismans, qui, rassemblés en grand nombre, fussent arrivés sur nous, et nous eussent impitoyablement massacrés. Les diverses conjectures de mes Hottentots, et leurs discours à perte de vue, m'amusaient beaucoup et m'intéressaient en quelque sorte; j'en concluais qu'ils pourraient, à la longue, se familiariser avec le danger, et j'étais charmé qu'ils l'eussent vu d'aussi près; car je ne connaissais point d'obstacles plus redoutables à mes desseins que les terreurs de leur imagination.

Nous délogeâmes le jour suivant; pendant la marche, je m'amusais, de côté et d'autre, à tirer : le temps était favorable. Je fis lever une autruche femelle; arrivé sur son nid, le plus considérable que j'eusse jamais vu, j'y trouvai trente-huit œufs en un tas, et treize distribués plus loin, chacun dans une petite cavité. Je ne pouvais concevoir qu'une seule femelle pût couver autant d'œufs; ils me paraissaient d'ailleurs de grandeur inégale. Lorsque je les considérai de plus près, j'en trouvai neuf beaucoup plus petits que les autres. Cette particularité m'intéressait vivement. Je fis arrêter et dételer à un quart de lieue du nid, et j'allai m'enfoncer dans un buisson d'où je l'avais à découvert et directement à la portée de la balle; je n'y fus pas long-temps sans voir arriver une femelle qui s'accroupit sur les œufs, et, pendant le reste du jour, que je passai dans ce buisson, trois autres se rendirent au même nid; elles se relevaient l'une après l'autre : une seule resta un quart d'heure à couver, tandis qu'une nouvelle venue s'y était mise à côté d'elle; ce qui me fit penser que quelquefois, et peut-être dans les nuits fraîches ou pluvieuses, elles s'étendent pour couver à deux, et même davantage. Le soleil touchait à son déclin; un mâle arrive qui s'approche du nid, pour y prendre place : car les mâles couvent aussi bien que les femelles. Je lui envoyai ma balle, qui l'étendit mort. Le bruit du coup fit lever celles-là, qui, dans leur effroi, cassèrent plusieurs œufs. Je m'approchai, et vis avec regret que les autruchons allaient incessamment éclore, puisqu'ils étaient couverts de tout leur duvet. Le mâle que je venais de tuer n'avait pas une seule belle plume blanche; elles étaient déjà toutes dégarnies et toutes salies. Je choisis, parmi les noires, celles qui me parurent les plus entières, et je quittai la place. Je détachai plusieurs de mes Hottentots pour aller chercher les treize œufs dispersés sur les côtés du nid, et je leur enjoignis de ne point toucher aux autres. J'étais curieux de savoir si les femelles seraient revenues pendant la nuit : je retournai au nid dès que le jour fut venue; mais la place fut entièrement balayée, et je n'y trouvai que quelques coquilles éparses qui dénotaient assez que nous avions apprêté un bon repas à quelques chacals où même à des hyènes.

Cette particularité touchant les mœurs de l'autruche, dont la femelle se réunit avec plusieurs autres pour l'incubation dans un même nid, est d'autant plus parfaite pour éveiller l'attention du naturaliste que, n'étant point une règle générale, elle prouve que les circonstances peuvent quelquefois déterminer les actions de ces animaux et modifier leurs sentiments, ce qui tiendrait à rehausser leur instinct, en leur donnant une prévoyance plus réfléchie qu'on ne leur accorde ordinairement. N'est-il pas probable que ces animaux s'associent pour être plus en force et défendre mieux leur progéniture? J'aurai occasion de revenir là-dessus dans la description que je donnerai de l'autruche; j'ose me flatter qu'on ne lira pas sans intérêt des récits simples et véridiques, qui contiendront plutôt une peinture des mœurs et des habitudes des animaux que des détails fastidieux et trop souvent répétés des couleurs, du nombre de plumes, des mesures, des dimensions exactes de toutes leurs parties : énumérations ridicules qui n'offrent pas plus de variétés entre les espèces qu'elles ne montrent de différences dans les caractères.

En revenant du nid au camp, mes chiens firent lever un lièvre, et le lancèrent; je le suivis au galop, et le vis disparaître dans les cavités d'un petit monticule qui se trouvait sur la route. Je m'entêtai à sa recherche, et je parvins à deviner le lieu précis de sa retraite : il était entré dans une de ces cavités par un trou que je bouchai. On dérangea les pierres et les gravats qui formaient la petite élévation. Je ne peindrai point l'étonnement qui me saisit lorsque je reconnus que c'était un tombeau hottentot; j'y trouvai mon lièvre blotti dans un squelette; je le pris vivant, et l'emportai; mais, dans un moment où mes chiens, occupés ailleurs, ne pouvaient m'apercevoir, par un mouvement de générosité, et comme si j'eusse dédaigné de donner la mort à ce pauvre animal autrement qu'avec l'arme usitée de la chasse, je lui rendis la liberté. Cette action fut interprêtée par mes gens d'une façon qui me fit encore plus d'honneur dans leur esprit; je me gardai bien, en conséquence, de chercher à les détromper : ils crurent, avec la plus vive satisfaction, que j'avais gardé mon lièvre, non parce que je ne m'en souciais pas, mais parce que l'asile des morts m'avait semblé trop respectable, et ils furent persuadés que c'était un hommage naturel que je venais de rendre au tombeau d'un des leurs. Nous recouvrîmes le squelette des mêmes gravats que nous avions éparpillés, et reprîmes une autre route; dans cet intervalle, d'autres chasseurs avaient tué, de leur côté, quatre gnous, dont la salaison nous occupa trois jours entiers.

J'arrivai, le 16, sur une habitation occupée par deux frères nègres et libres, l'un desquels était marié à une jeune mulâtre; je fus accueilli par ces aimables naturels avec les transports de la joie; ils m'offrirent tout ce qu'ils possédaient.. Le dirai-je? mon cœur, oppressé de mille sentiments divers, reçut froidement et leurs caresses et leurs tendres sollicitudes : je retrouvais presque les usages et les manières du monde; je revoyais des champs, des meubles, des possessions, de l'ordre, des maîtres; en un mot, j'étais dans une habitation. Tant d'aisance me devenait à charge; un penchant involontaire m'arrachait de ce domaine : j'en fis plusieurs fois le tour, les yeux errants de côté et d'autre, comme pour retrouver mon chemin perdu. J'accablais la maison de mes plaintes, et l'environnais, si je puis parler ainsi, de mes soupirs; tout fuyait, et les torrents et les montagnes, et les forêts majestueuses et les chemins impraticables, et les hordes des sauvages et leurs huttes charmantes; tout me semblait regrettable, jusqu'aux bêtes féroces elles-mêmes, à qui je prêtais en ce moment des sentiments d'habitude et de bienveillance pour moi. Je ne sais si ces bizarreries sont communes à d'autres hommes; mais plus j'y songe, plus je sens qu'elles appartiennent à la nature. Charme puissant de la liberté, force invincible qui ne périra qu'avec moi, tu transformais en plaisir les plus cruelles fatigues, en amusements les plus grands dangers, en spectacles délicieux les objets les plus noirs, et tu semais tous mes pas des fleurs du repos et de la félicité, en des temps et dans des âges où la destinée semblait me contraindre de les chercher ailleurs.

Ce fut chez ces deux nègres que je mangeai du pain pour la première fois depuis un an; j'en avais tout-à-fait perdu le goût. Je n'avais compté m'arrêter ici qu'une journée tout au plus, j'y passai trois jours. Il nous restait encore bien du pays à parcourir, quelques montagnes énormes à traverser, de grandes difficultés à vaincre dans ce désert du Camdébo, dont l'aspect vraiment imposant n'offre partout, au lieu de verdure et des jardins si naturels de Pampoen-Kraal, qu'une face tantôt grise, tantôt rougeâtre et jaune, des rochers, du sable, des cailloux. En me rapprochant des habitations, je courais moins de risques ; en tenant à mes idées, je me promettais plus de jouissances : aussi, si j'en excepte les lieux où je venais de m'arrêter, je suivis mon plan avec autant de constance pour le retour que pour le départ ; mais je profitai du hasard qui m'avait fait tomber chez les deux frères, pour pourvoir à la subsistance de mon monde, et je pris mes précautions. Ils me firent une forte provision de biscuit. Je reconnus ce service essentiel en leur donnant, pour échange, de la poudre, du plomb et des pierres à fusil : tous objets précieux qui leur manquaient depuis longtemps, malgré le besoin indispensable qu'ont toujours une habitation, soit pour défendre ses troupeaux, soit pour repousser les Bossismans. Ils m'auraient tout accordé, à leur retour, en reconnaissance d'un aussi grand bienfait.

XIV.

Le 19, à quatre heures du soir, je repris ma route. Le soleil le plus ardent nous dévora pendant deux jours ; nous errâmes sans trouver une goutte d'eau : on eut recours aux jarres que j'avais fait emplir chez les frères nègres, et nous fûmes réduits à la ration, comme cela nous était plus d'une fois arrivé.

Le 21, après avoir traversé le lit du Kriga, qui était à sec, et que nous avions déjà passé la veille, je rencontrai deux habitants de Camdebo qui revenaient du Cap et faisaient route pour leur demeure. Depuis plus d'un an je n'avais eu de nouvelles de cette ville et de mes connaissances ; je fus enchanté d'apprendre qu'avec les secours de la France, le Cap avait été sauvé de toute invasion de la part des Anglais, et que la colonie était demeurée sous la domination hollandaise. Le plaisir de cette nouvelle fut bientôt effacé par celle de l'indisposition de mon bienfaiteur, que les voyageurs m'attestèrent avoir laissé dans un état critique et même fixé, lors de leur départ, aux bains chauds, dernière ressource des malades en Afrique. Ce rapport acheva de répandre l'amertume et le dégoût sur le reste de mon voyage.

J'allais hâter ma marche, j'aurais voulu voler pour rejoindre un ami qui m'était cher à tant de titres ; mais la crainte de le trouver languissant empoisonnait le plaisir que je me faisais de le revoir. Ces deux colons me prévinrent que j'allais infiniment souffrir en route par la sécheresse et le manque d'eau ; qu'attendu la grande quantité de bestiaux que je traînais à ma suite, je n'avais d'autres ressource à espérer que dans les orages qui pourraient survenir ; que les Bossismans d'ailleurs infestaient le pays ; qu'ils leur avaient enlevé à eux-mêmes trente-deux bœufs, et massacré leurs gardiens au passage de la rivière Noire. Cette dernière nouvelle ne m'empêcha pas de continuer ma route : depuis l'exemple de sévérité que j'avais été forcé de donner, mes gens ne bronchaient plus, et je crois qu'ils auraient été capable d'affronter avec moi tous les bandits du Camdebo; je ne voulais pas cependant m'exposer témérairement. Il n'était guère possible de penser à marcher de nuit : c'était m'ôter tous mes avantages; la plus grande partie de mes bœufs étaient hors de service par la maladie du sabot, de façon que, ne pouvant relayer les mieux portants, je les faisais partir avant nous, avec une forte garde, afin que nous ne fussions point retardés dans la marche.

Arrivé de la sorte au *Kriga-Fontyn* (fontaine du Kriga), nos bœufs y eurent à peu près autant d'eau qu'il leur en fallait; mais elle était si saumâtre que les Hottentots qui en burent gagnèrent des coliques et des diarrhées violentes. Comme je sondais le terrain, et examinais si cette eau ne pouvait pas nous causer de plus grands maux encore, je fus extrêmement surpris de voir Keès, qui se trouvait toujours le premier partout, retirer de la vase un crabe d'environ trois à quatre pouces de diamètre. Il y avait effectivement de quoi s'étonner, car cette fontaine était en plein rocher, sans écoulement apparent. Mon singe me parut manger son crabe avec tant de plaisir que j'en fis prendre une trentaine, que je fis cuire et trouvai fort bons. Quatre ou cinq coups de fusil me procurèrent plus de quarante gelinottes d'une très-belle espèce, habituées à venir s'abattre par milliers sur les bords de cette fontaine. Les Hottentots des colonies les nomment *perdrix nomaquoises*, parce que, dans la saison des pluies, toutes partent pour se rendre vers le tropique. A dater du moment où nous décampâmes de cette fontaine, nous ne trouvâmes plus que des plantes grasses et des sauterelles : nous étions dans un lieu de désolation. Quatre de mes bœufs, n'ayant plus la force de suivre, restèrent sur la place. J'eus le désagrément de voir que tous mes chiens boitaient et se traînaient avec effort, la plante de leurs pieds étant usée et déchirée jusqu'au vif; je les fis graisser, afin qu'il les léchassent; on les plaça tous sur les voitures. Mes chevaux avaient gagné la même maladie que mes bœufs; je fis faire, avec des peaux, des espèces de petits sacs ou bottines, et, après avoir bien graissé les pieds de ces chevaux, je les leur attachai au-dessus du tarse. J'aurais bien voulu faire à mes bœufs la même opération; mais ces animaux indociles ne s'y seraient pas prêtés tranquillement; d'ailleurs les peaux et la graisse n'auraient pu suffire : les roues de mes chariots, que je n'avais point graissées depuis longt-temps, jouaient en marchant comme autant de crécelles.

Différentes fontaines et plusieurs lits de torrents ou de rivières que nous avions traversés, et sur lesquels nous comptions encore, nous avaient tous trompés : nos animaux étaient réduits à appuyer le nez contre terre, et à lécher les endroits qui leur semblaiênt encore humides ; privés d'ailleurs de toute herbe succulente, il ne leur restait d'autre ressource que de se rabattre sur quelques plantes grasses qui leur donnaient des tranchées affreuses ; ils battaient des flancs, et n'étaient plus rien que des squelettes.

Cette situation désespérante dura jusqu'au soir du 24. Nous venions de traverser le *Swat-Rivier* (la rivière Noire), qui n'avait pas plus d'eau que les autres ; nous allions dételer, lorsque j'aperçus un troupeau de moutons. Je courus vers le gardien, qui m'apprit qu'il appartenait à un colon dont l'habitation n'était qu'à une petite lieue de là ; nous en prîmes aussitôt la route, et nous allâmes camper près d'un très grand marais, où nous eûmes enfin la satisfaction de trouver de l'eau en abondance. L'habitation appartenait à *Adam-Rodinhymer, Kwec-Valey*. Je reçus mille politesses de la part du maître de la maison et de toute sa famille; elle n'était pas considérable, et se réduisait à deux filles. L'une, Dina-Sagrias-de-Beer, d'un premier lit du côté de la mère, était une des plus belles Africaines que j'eusse encore vues. Ces hôtes charmants me pressèrent de passer quelques jours avec eux. Dina mit des grâces si naïves et si douces dans son invitation particulière que je me laissai facilement aller à ses instances réitérées, et consentis à passer trois jours entiers chez elle. Cependant le soir je ne manquai pas de me retirer dans mon camp, comme je l'avais toujours fait, les lieux où je me trouvais et le besoin d'y maintenir l'ordre me faisant plus que jamais une loi sévère de ne point découcher; j'étais d'ailleurs tellement habitué à mon dur matelas qu'un lit moelleux et plus commode m'eût réellement empêché de reposer. Cette halte agréable était surtout utile à mes pauvres bestiaux, tellement vieillis de misère et de fatigue que je craignais à tout moment d'être obligé d'abandonner mes effets et mes chariots; ce dernier séjour servit pourtant à les ranimer un peu. Le site était, à tous égards, charmant et varié ; le voisinage de l'habitation offrait à mes bœufs, aussi bien qu'à mes gens, d'abondants secours bien propres à rétablir leurs forces, pour peu que j'eusse voulu rester plus long-temps dans cet asile, mais je sentais de plus en plus le besoin de me rapprocher du Cap, et mon imagination épuisée me rendait à chaque instant mon retour plus indispensable.

Le 1er mars, après avoir fait mes remercîments à tous mes aimables hôtes, je les quittai. Il était cinq heures du soir, nous faisions route vers le *Gamka Leuw-Rivier* (rivière des Lions) ; nous y arrivâmes à neuf heures du soir, et l'on y campa. Les lions autrefois étaient très-communs sur cette rivière, parce que les gazelles y étaient aussi très abondantes ; mais, depuis que les habitants s'en sont rapprochés, les gazelles ont pris la fuite, et les lions, par conséquent, sont devenus beaucoup plus rares. J'avais ouï dire, à Kweec-Maley, qu'il rôdait, dans les environs du lieu où je les trouvai, trois troupes formidables de *Bossismans*. La prudence m'empêcha de pénétrer plus avant dans cette première nuit. On m'avait informé de plus, que, passé le *Gamka* jusqu'à la rivière des Buffles, je ne verrais pas une goutte d'eau. Il y avait vingt-cinq grandes lieues d'une rivière à l'autre; pour ne pas périr de soif, il fallait faire ce trajet en deux jours. Il n'était pas question de marcher par la chaleur, tout aurait été perdu; je résolus donc de rester deux jours sur la rivière des Lions, pour reposer et fortifier d'autant mes attelages; et, sur le soir du second jour, m'affranchissant de toute espèce de craintes, et ne tenant nul compte à mes gens de leurs terreurs paniques, je continuai ma route. J'avais eu la précaution de placer toute ma caravane entre deux chariots qui servaient d'avant et d'arrière-garde. Deux jours ou plutôt deux nuits de marche forcée, mais dans le meilleur ordre, nous conduisirent au bord de la rivière après laquelle nous soupirions depuis si long-temps. Nous n'avions pas négligé, pendant les nuits, de tirer, de côté et d'autres des coups de fusil de six minutes en six minutes; j'avais donné de temps en temps de l'eau de mes jarres à mes chevaux, qui succombaient à la chaleur et à la fatigue. Mes bestiaux n'avaient bu ni mangé; ils étaient tout haletants, et semblaient devoir à tout moment rester sur la place; cependant, quoiqu'il fît nuit plus d'une demi-heure avant d'arriver au *Buffle-Rivier*, les relais et tous les bestiaux qui marchaient en liberté, ayant éventé la rivière, se mirent tous à courir en désordre et à travers champs pour s'y désaltérer; ceux qui traînaient les voitures reprirent courage, et firent le trajet en moins d'un quart-d'heure. Sens l'attention de mes gens, qui coupèrent à propos les traits des plus mutins, mes trois voitures auraient été culbutées dans la rivière. Nous suivîmes tous l'exemple de nos animaux, et le bain me fit oublier mes fatigues.

Lorsque les feux furent allumés, une partie des animaux nous rejoignit. J'avais de l'inquiétude pour les autres; cependant nous les entendions s'agiter et marcher dans les broussailles qui nous entouraient : sans doute qu'ils y cherchaient de quoi manger. Ils arrivèrent tous à la pointe du jour, excepté une paire de bœufs que nous n'avions jamais revus; notre bouc s'était également égaré, et ne revint que dans le courant de la journée.

J'avais été extrêmement surpris à mon réveil, de me trouver dans un pays charmant, que l'obscurité m'avait empêché d'apercevoir. La rivière n'était pas large, mais l'abondance et la profondeur des eaux répandaient dans ces lieux une fraîcheur d'autant plus délicieuse que la chaleur était excessive; cette rivière coulait sur un lit de gazon coupé par cent tours et détours. Il y avait long-temps que je n'avais rencontré un aussi agréable bocage. Une infinité de perdrix et de gelinottes formaient, par leurs cris, un contraste piquant avec des espèce de canards, des hérons, des cigognes brunes et des flamants, dont la rivière était couverte. Il n'y eut qu'une voix pour me supplier de m'arrêter quelques jours ; j'y consentis sans peine, et je fus enchanté qu'on m'eût prévenu. C'était encore un de ces sites agréables qui prouvent que l'imagination des poètes n'est pas toujours au-dessus de la nature et de la vérité dans leurs descriptions. L'emplacement où nous venions de passer la nuit n'était cependant pas le plus favorable : quelques grosses roches dont nous étions voisins le couvraient trop, ainsi que nous, et pouvaient faciliter à l'ennemi les moyens de nous surprendre ; en conséquence, nous conduisîmes nos chariots et nos bagages dans le milieu d'une petite prairie, à laquelle le cours sinueux de la rivière donnait la forme d'une presqu'île, et c'est là qu'on fixa les tentes.

Nous venions de faire une marche de quatre-vingts lieues, depuis l'habitation des deux frères nègres dont j'ai parlé. On peut difficilement se faire une idée de ce que nous avions eu à souffrir dans cette traversée. De quels secours ne nous avaient pas été les moutons que j'avais échangés avec les Hottentots de Sneuwbergen ? Depuis ce moment, nous n'avions pas rencontré une seule pièce de gibier, pas une lagune d'eau assez pure pour en faire usage sans précaution : tout ce que nous en avions trouvé n'était potable qu'après qu'on l'avait fait bouillir, soit avec du thé, soit avec du café, pour en détruire ou déguiser au moins les qualités malfaisantes et nauséabondes.

L'agrément du lieu et l'abondance de toutes choses, que nous procurait le Buffle-Rivier, n'étaient pas les seuls motifs qui m'arrêtaient sur ses bords. J'y demeurai jusqu'au 14 du mois. Tout ce temps fut employé à la réparation de mes équipages, dont le délabrement m'inquiétait depuis long-temps. Les chariots avaient été tellement secoués, le soleil les avait tellement desséchés, qu'ils ne tenaient presque plus de rien; les roues surtout avaient besoin de restauration : tous les rayons quittaient leurs moyeux. Pour donner plus de ressort au bois, je les fis mettre à l'eau; elles y restèrent longtemps avant que la hache y touchât. De mon côté, je fis la revue de ma collection, qui n'était pas non plus sans désordre; ce n'était pas un petit ouvrage : j'avais des oiseaux partout; mes boîtes à thé, à sucre, à café, tout en était rempli. Nous allions bientôt arriver dans la colonie; résolu de ne point m'y arrêter un

12..

seul moment, j'aurais regardé comme un grand malheur le moindre accident qui fût venu retarder ma marche. Persuadé que nous n'avions plus rien à craindre des vagabonds, et voyant tous mes gens assez tranquilles et débarrassés de leurs frayeur, je me proposai de marcher tant de jour que de nuit; ce que j'exécutai le 14, à cinq heures du soir, dans le même ordre que par le passé. Nous fîmes halte à minuit, près de Matjes-Fontein : le temps se couvrit, et nous menaçait d'un orage; mais il s'éloigna de nous. Le lendemain, je passai le Wet-Waater, pour dételer à *Constapel* : c'est une habitation assez agréable, mais que la disette d'eau à contraint les colons d'abandonner. Quoique la saison fut avancée, les chaleurs n'avaient pas diminué. Forcés de rester pendant les plus grandes ardeurs du soleil, il nous brûlait d'autant mieux que nous étions entièrement privés d'ombrage et de tout abri pour nous en garantir; l'accablement où nous étions plongés ne nous permettait pas même les distractions de la chasse. On sait trop que les chaleurs étouffantes ne servent pas à provoquer l'appétit; qu'alors les viandes fraîches ou salées ne font que rebuter, et qu'elles augmentent le dégoût : ainsi nous ne faisions plus de cuisine. Mes Hottentots dormaient durant la journée ; moi, je ne vivais que des biscuits dont m'avait fait présent la fille d'Adam-Rodinhymer, et toute la recherche de ma sensualité consistait à les tremper dans du lait de chèvre, que je prenais toujours avec plaisir. Je ne puis trop recommander aux voyageurs qui entreprennent des courses pareilles aux miennes de se procurer un grand nombre de ces animaux si utiles et si doux : ils rcherchent l'homme, s'attachent à lui, le suivent partout, ne lui causent aucun embarras, et n'exigent aucun soin ; ils lui fournissent tous les jours de quoi se nourrir à la fois et se désaltérer ; tout en se jouant, ces pauvres bêtes, qui ne sont pas difficiles comme les autres animaux, s'accomodent de tout et peuvent supporter la soif pendant très-long-temps, sans que leurs sources tarissent.

XV.

Les 16 et 17, après avoir traversé Touws-Rivier, je gagnai, six lieues plus loin, près Werkeer-Valey, un très-grand lac, près duquel était une petite habitation, que le maître avait confiée à la garde de quelques Hottentots ; je vis un colon, parti nouvellement du Cap pour regagner le Camdebo. Cet homme débarrassa mon cœur d'un poids qui l'oppressait depuis longtemps : il m'apprit le rétablissement de la santé de M. Boers, et son retour au Cap. J'eus occasion de rencontrer différentes espèces d'oiseaux, entre autres des foulques pareilles à celles d'Europe; mais les marais du lac me fournirent une telle quantité de bécassines que nous en fîmes notre nourriture ordinaire.

Il y avait beaucoup de cochons, j'en achetai un, et je fus obligé de l'aller choisir et l'arracher parmi des roseaux ; car, dans ce pays, ces animaux sont à demi-sauvages. J'achetai de la farine pour régaler ma troupe du premier pain qu'elle eût mangé depuis mon départ : ce fut la femme de Klaas qui l'apprêta ; elle réussit fort adroitement. Je quittai Werkeerde-Valey le 21. Nous allions dans un autre pays, le Boke-Veld, plaine des gazelles Spring-Bock, qui s'y trouvaient sans doute autrefois, mais qui présentement ne s'y montrent nulle part ; nous apercevions, de côté et d'autre, sur les collines, plusieurs habitations ; nous nous efforcions vainement de nous en éloigner : plus nous allions, plus elles commençaient à devenir fréquentes. Je fus contraint de longer celle de Jean-Pinar. Je résistai aux instances qu'il me fit de me rafraîchir chez lui, et passai outre ; mais tout ce qu'il y avait d'habitants, soit blancs, soit Hottentots ou nègres, accoururent pour voir défiler ma caravane, et à peu près comme on court dans nos villes pour jouir d'un de ces spectacles auquel des fêtes rares ou des événements imprévus ont tout-à-coup donné naissance ; ma barbe surtout, pour ce pays qui ne possède ni capucin ni juif, parut un phénomène extraordinaire, admirable, quoiqu'elle mît en fuite les enfants, et qu'elle fît peur aux femmes. J'eus beaucoup de peine à me débarrasser des questions et des questionneurs, pour aller m'isoler, à onze heures et demie du soir, à trois lieues plus loin, dans une retraite inhabitée et paisible ; mais le bruit de mon retour s'était répandu, et, le lendemain il faisait jour à peine que plus de vingt habitants des divers environs, rassemblés par la curiosité, avaient pris place autour de mon camp, afin que, quelque route que je prisse, il me fût impossible de me soustraire à leurs regards. On avait pris plaisir à débiter sur mon compte cent absurdités différentes : on me faisait cent questions plus ridicules les unes que les autres : on publiait, par exemple, que j'amenais des voitures chargées de poudre d'or et des pierreries trouvées dans des rivières ou sur des rochers inconnus. Un de ces crédules paysans me conjurait de lui faire voir cette magnifique pierre précieuse, supérieure au diamant, grosse comme un œuf, que j'avais trouvée sur la tête d'un énorme serpent, auquel j'avais livré le plus sanglant combat.

J'avais eu l'intention de rester tranquille dans l'endroit où je me trouvais, jusque vers le soir ; mais la troupe curieuse grossit tant de minute en minute que j'en pris de l'impatience, et partis brusquement. J'eus beau me dérober à trois ou quatre habitations sur le territoire desquels il me fallut passer, l'importunité me suivit partout, et je n'eus d'autre ressource que de profiter de l'obscurité de la nuit pour aller, presque comme un proscrit, me cacher au pied d'une énorme chaîne de montagne, nommée *Cloof*, qui fait la limite d'un autre pays, le *Rooyc-Sand*.

Cette montagne, comme un immense rideau que le malheur eût élevée devant moi, semblait appuyée là pour me contrarier davantage et redoubler mes charins ; il fallait cependant ou franchir l'obstacle, ou faire un très-long circuit, dont je ne connaissais ni la durée ni le terme. Ce n'était plus cette ardeur bouillante que j'avais montrée en partant, cette force, ce courage infatigable que fomentaient dans mon âme l'amour des choses nouvelles et l'impatient désir de prendre le premier possession d'un pays si rare et si curieux : je me voyais arrêté tour à tour par le découragement, et entraîné par la reconnaissante amitié. Je pris donc mon parti, et me décidai à gagner, comme je le pourrais, le sommet de la montagne. L'escarpement et les fondrières de cette traversée me parurent effroyables ; c'est pourtant le chemin ordinaire des colons de ces quartiers-là, qui préfèrent de s'y perdre et d'y culbuter, plutôt que de s'unir pour y faire une route, ou au moins quelques réparations : preuve insigne de leur indolence !

J'osai me charger de ce soin pour moi-même : j'employai la journée du 24 à faire couper des branches pour combler les endroits les plus enfoncés, et les recouvrir avec des terres, des pierres et du sable. Je réussis dans mon opération ; et, le 25, en quatre heures de temps, grâce aux précautions que nous prîmes, et à toutes les peines que se donna de bon gré tout mon monde, à quelques avaries près, nous eûmes l'inexprimable bonheur de sauter l'affreux précipice, le dernier qui dût nous faire trembler. Les colons nomment cet horrible chemin *MosterHock*, le coin de Moster.

Nous campâmes au pied de son revers ; le jour suivant, nous nous arrêtâmes, dans la matinée, à l'entrée du *Roye-Sand*, près des ruines d'une habitation qui paraissait depuis long-temps abandonnée.

Ce canton, suivant moi, est improprement nommé *Roye-Sand* (sable rouge) : je n'y en ai point vu de cette couleur; j'ai remarqué, au contraire, qu'il était décidément jaune.

Ce pays est riche en blés, les maisons y sont superbes, et se montrent partout en abondance. Des sites heureux nous offraient, de temps en temps, des habitations plus riantes les unes que les autres, et la variété des constructions répandait sur toutes ces campagnes un intérêt dont l'œil était agréablement frappé. Il est possible qu'accoutumé, depuis seize mois, à des spectacles d'une nature plus forte et mieux prononcée, le contraste des pays sauvages et de leurs demeures, aussi tristes que rares, avec le nouvel ordre de choses qui se présentait à mes regards, fit sur mon imagination une impression plus vive; quoiqu'il en soit, je ne me lassais point d'admirer ces beaux lieux.

Toutes les idées chimériques et romanesques qui m'avaient bercé, tous ces plaisirs dont je nourrissais mon cœur en quittant les sauvages, commençaient enfin à se ralentir, et la raison, reprenant le dessus, me faisait assez connaître que, n'étant point né pour cette vie errante et précaire, j'avais d'autres obligations à remplir, d'autres humains à chérir.

Déjà je souriais aux divers objets dont l'image me retraçait mes anciens plaisirs et mes habitudes; l'amitié surtout, revêtue de toutes ses grâces, et telle qu'elle doit plaire aux âmes délicates et sensibles, semblait m'appeler de loin, et me tendre les bras. D'autres sentiments peut être venaient à son appui pour dérider mon front, et presser de plus en plus ma marche. Certain, comme je l'avais appris, que je trouverais M. Boers bien portant au Cap, chaque pas que je faisais vers la ville me donnait des élans d'impatience que mes compagnons partageaient bien sincèrement avec moi. Je ne pouvais me savoir si près sans désirer de voir disparaître derrière moi le chemin qui devait m'y conduire; je n'étais plus occupé que du plaisir de retrouver des amis, mais surtout d'embrasser celui que mon cœur distinguait à tant de titres.

Le 26, après avoir échappé, si je puis m'exprimer ainsi, à dix habitations qui se trouvaient sur ma route, je traversai la *Breede-Rivier* (rivière large); une lieue plus loin, le Waater-Val (chute d'eau); ensuite quelques habitations qui sans doute m'attendaient au passage depuis longtemps : car les habitants, voyant que je ne m'arrêtais point, prirent parti de me suivre comme une bête curieuse, et ne me quittèrent que lorsqu'il m'eurent considéré à leur aise. Je passai le Roye-Sand-Kloof (la vallée du Sable-Rouge), le Klein-Berg-Rivier (la petite rivière des montagnes). Le lendemain 27, arrivé au Swart-Land, je fis seller mes chevaux, qui depuis longtemps ne me servaient point, et, suivi de mon fidèle Klaas, laissant les curieux autour de mes chariots et de mes équipages, je pris les devants, et me fis un plaisir d'arriver le soir même chez mon ancien hôte, le bon Slaber, qui m'avait si noblement accueilli deux ans auparavant, lors de mon affreux désastre à la baie Saldana.

Je ne puis exprimer toute la joie, mais surtout l'étonnement que causa mon arrivée à toute cette brave famille ; elle s'y attendait si peu, ma barbe me rendait si méconnaissable, les relations qu'on avait faites, au Cap et dans les environs, de mes courses lointaines et des dangers auxquels je m'étais livré, rendaient ma mort si probable, qu'ils furent tous effrayés de mon approche, les femmes surtout me firent une guerre cruelle de cette garniture épaisse et noire qui couvrait ma figure. Il y avait déjà quelque temps qu'elle m'était devenue inutile, et, par conséquent, à charge. Mitje-Slaber, le plus jeune des fils, s'offrit obligeamment de m'en débarrasser ;

je me mis à genoux, et j'offris ma tête en sacrifice. J'étais à peine arrivé dans cette demeure fortunée que je dépêchai Klaas vers M. Boers pour lui donner la nouvelle de mon retour; je lui adressai en même temps deux petites gazelles Spring-Bock et quelques perdrix que j'avais tuées en route. Dès le lendemain, je reçus les félicitations de mon ami, qui m'envoyait deux de ses meilleurs chevaux, et me conjurait vivement de me rendre aussitôt chez lui.

Ce jour même, mes gens, que j'avais laissés en arrière, arrivèrent tous avec mes chariots. Le moment de la séparation approchait; nous avions, de part et d'autre, oublié nos torts : les uns laissaient échapper des soupirs, d'autres versaient des larmes; je ne pus retenir les miennes; nous nous consolions par l'espoir d'un second voyage, si les circonstances me devenaient favorables. Je distribuai à ces fidèles compagnons de mes fatigues et de mes aventures tout ce qui me restait et qui ne m'était plus d'aucune utilité à la ville; j'y joignis même mon linge et encore toutes mes hardes, ne conservant absolument que ce que j'avais sur le corps. Je priai deux de ces Hottentots de rester quelques jours de plus chez Slaber, pour prendre soin de mes chevaux, de mes chèvres et de ceux de mes bœufs, malades ou inutiles, que je laissais à l'habitation jusqu'à nouvel ordre; je donnai rendez-vous chez M. Boers au reste de ma caravane. Klaas et moi, nous montâmes à cheval, et, le soir même, j'eus le bonheur de serrer dans mes bras un bienfaiteur, un ami, que j'avais craint de ne plus revoir.

Mes équipages arrivèrent le 2 avril : ce fut alors que je remerciai tout-à-fait mes fidèles serviteurs, et que je leur payai leurs gages. Ils brûlaient tous d'impatience de rejoindre leurs familles. J'offris la main à Klaas; il ne pouvait se détacher de son maître. Comme sa horde était moins éloignée de la ville que celle des autres Hottentots que je venais d'affranchir, je l'engageai à venir me visiter souvent, et lui promit toujours le même appui, la même confiance et la même amitié; je l'assurai particulièrement que je ne languirais pas longtemps au Cap, et que je comptais sur lui pour de nouvelles entreprises : c'était l'objet de tous ses désirs, et l'unique contre-poids de sa douleur. J'avoue que je ne pus le voir partir sans être moi-même étrangement ému, malgré les distractions que me donnaient la foule des arrivants qui se pressaient dans la maison de mon ami, les uns attirés par l'intérêt généreux que leur inspirait ma personne, un plus grand nombre, par le besoin de satisfaire leur avide curiosité.

Cependant, au milieu des fêtes de l'amitié, je n'oubliai pas que j'avais des devoirs à rendre au Dieu qui avait protégé mon voyage; et ma reconnaissance me conduisit à l'église catholique, où j'avais besoin d'épancher mon cœur : je devais tout à la Providence divine ! Mon crucifix avait été pour moi d'une si douce consolation ! Aussi, lorsque je rentrai en France, fut il baigné des larmes que mon épouse répandait avec délices, heureuse de me voir rendu à son amour. Il m'est, à cause de cette circonstance, plus précieux encore : je ne le quitterai qu'au tombeau.

LIMOGES, — IMPRIMERIE DE BARBOU FRÈRES.

www.ingramcontent.com/pod-product-compliance
Ingram Content Group UK Ltd.
Pitfield, Milton Keynes, MK11 3LW, UK
UKHW012201240726
13966UKWH00002B/494